Sangita Sarangi
Ajay Kumar Behera

Caraterísticas de desgaste e corrosão do aço inoxidável AISI 304

Sangita Sarangi
Ajay Kumar Behera

Caraterísticas de desgaste e corrosão do aço inoxidável AISI 304

Desgaste e corrosão

ScienciaScripts

Publisher:
Sciencia Scripts
is a trademark of
Dodo Books Indian Ocean Ltd. and OmniScriptum S.R.L publishing group

120 High Road, East Finchley, London, N2 9ED, United Kingdom
Str. Armeneasca 28/1, office 1, Chisinau MD-2012, Republic of Moldova, Europe
Printed at: see last page
ISBN: 978-620-8-20899-8

RECONHECIMENTO

Talvez as minhas palavras não sejam suficientes para exprimir a minha gratidão a todos aqueles que me ajudaram e inspiraram a chegar a esta ocasião memorável, tendo também beneficiado dos conselhos, sugestões e observações perspicazes de muitos dos meus amigos, simpatizantes e colegas.

Gostaria de expressar o meu profundo sentimento de gratidão e honra aos meus supervisores, **Dr. A. K. Mishra,** Professor e **Dr. S. Sahoo**, Professor Associado, Departamento de Engenharia Mecânica, SOA Deemed to be University, pelos seus conselhos oportunos, sugestões valiosas, orientação contínua, encorajamento e partilha do seu precioso tempo ao longo do processo desta investigação, actualizando os meus conhecimentos e estudos necessários para escrever esta tese.

Estou grato ao **Prof. J. K. Nath,** Diretor de Investigação, pelo seu apoio periódico, que me proporcionou um ambiente de trabalho positivo para a realização deste trabalho de investigação. **S. K. Acharya,** Chefe de Departamento, Departamento de Engenharia Mecânica, pelo seu apoio e preocupação relativamente às minhas necessidades académicas.

Gostaria de agradecer especialmente ao **Dr. A. K. Behera e** ao **Dr. H. K. Palo** pela sua inspiração. Gostaria também de agradecer a todo o pessoal docente, ao pessoal técnico do Departamento de Engenharia Mecânica e aos meus colegas pelo seu apoio moral durante o trabalho de investigação.

Por último, gostaria de agradecer ao meu marido, **Sr. N. R. Panigrahi**, e à minha filha **Tanisha Panigrahi** por todo o seu apoio moral e encorajamento. Gostaria de agradecer especialmente ao meu irmão mais velho, **Sj. Arun Kumar Sarangi** e à minha mãe **Sandhyarani Sarangi**, bem como ao meu falecido pai, aos meus familiares e amigos, em especial. Acima de tudo, devo tudo a Deus Todo-Poderoso por me ter concedido a sabedoria, a saúde e a força para empreender este trabalho de investigação e por me ter permitido concluí-lo.

(Sangita Sarangi)

RESUMO

O processo de deposição por pulverização de plasma atmosférico foi adotado com fabrico aditivo para três tipos diferentes de espessura de revestimento na gama de 74 µm, 128 µm e 215 µm. O efeito da espessura do revestimento nas propriedades metalúrgicas e no comportamento de resistência à corrosão foi investigado. A microscopia ótica, a microscopia eletrónica de varrimento (SEM) e a espetroscopia de raios X por dispersão de energia (EDS) foram utilizadas para estudar a morfologia do revestimento de Stellite 6. A difração de raios X foi utilizada para análise estrutural e para identificar a formação de fases. Observou-se que a amostra com 128 µm de espessura de revestimento fornece o melhor resultado relativamente às caraterísticas de microdureza e microestrutura, enquanto a amostra com 215 µm de espessura de revestimento fornece a melhor propriedade de resistência à corrosão. As razões para o desvio foram investigadas e os factores responsáveis pelo desvio foram atribuídos nesta investigação.

Foram cortados provetes com as dimensões requeridas de acordo com a norma ASTM para testar a erosão num tribotester utilizando alumina como erodente. As experiências de erosão foram realizadas à temperatura ambiente com um ângulo de impacto normal e o desgaste erosivo foi registado. Além disso, são adoptadas regras Fuzzy de Sugeno para dar prioridade a um determinado conjunto de parâmetros de entrada para prever a perda de desgaste por erosão. Esta perda de volume por erosão experimental, obtida através da realização de experiências num triboteste de erosão, é comparada com a do modelo teórico e do modelo ANFIS desenvolvido para validar os modelos resultantes. Foi observada uma tolerância próxima de 6,48%, 0,836% e 6,04% de desvio para o espécime-1 quando a análise teórica é comparada com o modelo ANFIS experimental e previsto.

Foi realizada uma investigação experimental do comportamento funcional, como a corrosão, a microdureza e a erosão do aço revestido a diferentes temperaturas de funcionamento, para determinar a adequação da sua aplicação na indústria. Foram realizados testes de erosão num tribotester de jato de ar utilizando alumina como erodente com ângulo de impacto normal à temperatura ambiente, 300^0 C e 600^0 C. Observou-se que nenhuma espessura de revestimento é satisfatória para a utilização de propriedades de desgaste erosivo superiores com resistência à corrosão, pelo que foram adoptadas ferramentas de gestão modernas, tais como procedimentos de análise tri-vetorial e de peneiração tecnológica como técnicas de identificação para a seleção da melhor espessura de revestimento, em conformidade com as propriedades mecânicas, de erosão e de resistência à corrosão. O aço revestido com uma espessura de revestimento de 128 mícrones fornece o melhor resultado para uma combinação de caraterísticas funcionais.

Palavras-chave: Stellite 6, Aço inoxidável, Revestimento por pulverização de plasma, Erosão, Corrosão, ANFIS, Análise granulométrica, Análise tri-vetorial

ÍNDICE

Capítulo 1
INTRODUÇÃO

1.1 Antecedentes

A conceção de superfícies adequadas é necessária para satisfazer a procura crescente de componentes industriais que possam funcionar em ambientes hostis e exigentes. Os componentes industriais críticos suportam as dificuldades de circunstâncias de trabalho exigentes e são, consequentemente, mais susceptíveis à rápida degradação e falha, o que também é prejudicial para a economia da indústria. Para combater a corrosão e o desgaste, o design de superfícies centra-se frequentemente em várias técnicas de modificação de superfícies que resultam na melhoria do desempenho, da fiabilidade e da durabilidade dos componentes, tendo ganho uma aceitação crescente nos últimos anos. A modificação da superfície refere-se a um amplo espetro de tecnologias inovadoras que podem ser efetivamente utilizadas para melhorar o desempenho e a durabilidade dos componentes industriais.

O SS 304 é um aço inoxidável austenítico da série T 300 constituído por 18% de crómio, 8% de níquel e um máximo de 0,08% de carbono. O crómio é o principal elemento de liga no aço inoxidável SS 304 e actua como salvaguarda e protege a superfície do metal do ambiente circundante, formando óxido de crómio. Assim, melhora as propriedades de resistência à corrosão e à oxidação. A presença de níquel proporciona uma tenacidade muito boa e uma elevada resistência ao impacto, tornando-o adequado tanto para aplicações a alta como a baixa temperatura. [1]

Mas durante a aplicação a alta temperatura devido à oxidação, o metal sofre um desgaste metal-metal muito severo, corrosão, erosão de partículas, fretting, etc., o que resulta numa degradação aguda do metal. O desgaste erosivo destrói a superfície como resultado do impacto de partículas sólidas externas na sua superfície. [2] A corrosão é um processo de oxidação em que ocorre uma reação química ou eletroquímica entre o metal e o seu meio envolvente, em resultado da qual o metal se deteriora. [3] O comportamento da funcionalidade tribológica do componente é significativamente influenciado pela microdureza das suas superfícies. O aumento da dureza oferece resistência à penetração ou indentação, resultando numa melhoria da força intermolecular e levando a uma diminuição das taxas de desgaste erosivo. A

5

redução da dureza ocorre com o aumento da temperatura devido à rápida formação de carbonetos, tornando o metal quebradiço [4]. [4] No caso do metal, o desgaste erosivo aumenta com o aumento da temperatura. A temperaturas mais elevadas, o espaçamento intermolecular aumenta, provocando uma redução da força de ligação e da dureza das intra-moléculas, uma diminuição da força e da dureza nos metais irá caluniar e propagar o mecanismo de desgaste. O tipo de interação entre a erosão e a oxidação afecta a erosão de materiais metálicos por partículas sólidas a temperaturas mais elevadas e é sobretudo influenciado pela configuração, tenacidade e espessura da camada de óxido, pela aderência da película de óxido ao material do substrato, etc. [5]

Assim, a modificação da superfície do aço tem atraído a atenção de numerosos investigadores, e estas propriedades metálicas podem ser substancialmente melhoradas pela engenharia de superfície através da modificação da superfície. Para suprimir drasticamente os danos dos componentes reais, é aplicado um revestimento protetor nas superfícies dos componentes que estão expostos durante o funcionamento e que actua como uma barreira entre os componentes e o ambiente hostil, pelo que ganhou uma aceitação generalizada. Um material ideal nesta seleção é a liga Stellite, que pode ser utilizada como material de revestimento para melhorar ainda mais a vida útil do aço inoxidável AISI 304.

O Stellite 6 é o material mais utilizado em todo o grupo Stellite e consiste em Cobalto-Crómio-Tungsténio juntamente com outros elementos. É uma liga com alto teor de carbono, amplamente utilizada para revestimento de superfícies para combater o desgaste e inibir a corrosão. A presença de uma concentração relativamente elevada de crómio ajuda-os a resistir à corrosão, à sulfidação e à oxidação a altas temperaturas[6]. [6] Também possui propriedades mecânicas excepcionais até 500^0 C.[7] Como consequência das propriedades físicas superiores que estas ligas possuem, dá lugar à sua utilização em veios e rolamentos de bombas, vedantes e comportas de válvulas, escudos contra a erosão e pares rolantes, turbinas a gás, centrais eléctricas e motores aeronáuticos, etc.[8]

1.2 Motivação para a investigação

As siderurgias integradas, sendo uma indústria de transformação, são uma importante fonte de poluição ambiental. Com as rigorosas estipulações do governo, são emitidas diretrizes abrangentes para proteger o ambiente. Um grande número de equipamentos, como ventiladores, precipitadores electroestáticos (ESP), filtros, etc., são postos em funcionamento para reduzir a poluição do ambiente. Numa máquina de vazamento contínuo de uma aciaria, são utilizados ventiladores de tiragem induzida (ID) para purgar o vapor gerado durante o vazamento. O pó de fundição é polvilhado na máquina de fundição para obter uma fundição sólida e evitar autocolantes. Além disso, o pó de fundição presente em micrómetros de comprimento é constituído por partículas duras e é purgado juntamente com o vapor. Os ventiladores funcionam em condições ambientais hostis e corrosivas, na presença de temperaturas elevadas. As pás do ventilador são propensas ao desgaste erosivo resultante do impacto a alta velocidade das partículas duras do pó de fundição. O problema do desgaste das pás do ventilador acentua-se à medida que este funciona numa atmosfera corrosiva associada a temperaturas mais elevadas. Por vezes, estas partículas duras (pó de fundição) fundem-se na superfície das pás da ventoinha em resultado da pressão e temperatura de funcionamento mais elevadas. No passado, foram efectuadas muitas modificações no design e no material para melhorar o fator de esperança de vida das pás do ventilador através de chapas de encaixe, mas com sucesso limitado, para aumentar a disponibilidade do ventilador ID reduzindo as falhas das pás do ventilador. Assim, existe a necessidade de encontrar um material adequado para utilização como pás de ventilador que possa suportar a corrosão e a erosão com maior disponibilidade do equipamento. Para aumentar o tempo médio entre falhas das pás, são introduzidas várias medidas preventivas, tais como a fixação de chapas de fixação nas pás e sistemas de manutenção baseados nas condições. Por conseguinte, a este respeito, a investigação tem como objetivo avaliar vários estudos relacionados com o desempenho que, em última análise, melhorariam a vida útil das pás do ventilador, e os resultados são realçados nas partes que os acompanham.

1.3 Importância da investigação e objectivos

Estudos anteriores indicaram a existência de um grande número de processos físicos e químicos para aumentar a dureza das superfícies e melhorar as propriedades de resistência ao desgaste e à corrosão. Foram adoptados diferentes procedimentos de revestimento para revestir ligas Stellite 6 em diferentes tipos de superfícies de aço. No entanto, faltava uma abordagem sistemática para investigar o comportamento mecânico e metalúrgico do revestimento de Stellite 6 em aço inoxidável AISI 304 pelo processo de projeção de plasma atmosférico. No presente estudo, foram feitos esforços para revestir o substrato de aço inoxidável AISI 304 com pó de Stellite 6 utilizando um robot de aplicação através da técnica de pulverização por plasma atmosférico, variando a espessura do revestimento e investigando as propriedades estruturais, funcionais e mecânicas. O material em pó de Stellite 6 é pulverizado por plasma diretamente sobre o substrato de aço AISI SS-304 sem qualquer revestimento de ligação.

O objetivo do trabalho de investigação inclui o seguinte:

1. É investigada uma combinação da espessura do revestimento com a microdureza, a propriedade de resistência à corrosão e a correlação da microestrutura do material.

2. O efeito de várias espessuras de revestimento no seu comportamento mecânico e funcional, juntamente com as caraterísticas morfológicas, é investigado através de técnicas de simulação para otimizar os benefícios do revestimento.

3. Além disso, a abordagem de computação suave ANFIS é utilizada para prever a perda de volume por erosão do SS-304 pulverizado por plasma com material em pó Stellite 6 à base de cobalto.

4. O resultado previsto pelo ANFIS é validado quanto à sua eficácia, comparando-o com os métodos teóricos e experimentais efectuados neste trabalho. Foram calculadas medidas de desempenho, como o erro quadrático médio (RMSE), para validar o trabalho proposto.

5. Para além do acima exposto, o objetivo desta investigação é identificar a espessura óptima do revestimento essencial para obter um desempenho superior.

6. A abordagem da peneira tecnológica e da análise tri-vetorial é adoptada pela primeira vez como ferramenta de gestão numa variável matricial de 3×3 com quatro parâmetros funcionais para isolar a espessura do revestimento que passará pela corrosão e erosão na aplicação a alta temperatura, tendo em consideração a dureza.

Assim, a presente investigação baseia-se na investigação teórica e experimental para descobrir a espessura óptima de revestimento ideal para utilização, tendo em conta a propriedade de resistência à erosão e à corrosão, a dureza e a temperatura.

1.4 Conceção de uma experiência para atingir o objetivo

Na presente investigação, o pó de Stellite 6 foi utilizado para revestir o aço inoxidável SS 304. Foi utilizado um processo de pulverização de plasma atmosférico para depositar o pó de Stellite 6 no substrato de aço inoxidável AISI 304 sem qualquer pré-aquecimento. A microestrutura e a presença de fases no revestimento foram caracterizadas por microscópio eletrónico de varrimento (SEM) com espetroscopia de raios X por dispersão de energia (EDS) e por difratómetro de raios X.

A microdureza e as propriedades de resistência à corrosão de todos os espécimes, incluindo o substrato nu, foram testadas à temperatura ambiente. Os ensaios de erosão foram realizados à temperatura ambiente, a 300^0 C e a 600^0 C e a microestrutura de todos os espécimes foi verificada por SEM para conhecer o efeito da temperatura nos espécimes, juntamente com a análise do comportamento do desgaste.

As relações enumeradas abaixo foram discutidas no contexto dos resultados experimentais.

1. A microestrutura com a composição química do revestimento
2. A curva de corrosão eletroquímica
3. Número de amostras versus perda de volume de erosão para os valores teóricos e previstos pelo ANFIS
4. Comparação da perda de volume média por erosão experimental, teórica e prevista pelo ANFIS para todos os espécimes à temperatura ambiente.
5. Relação entre a taxa de erosão e a temperatura
6. Aplicação do gráfico tri-vetorial e da análise granulométrica tecnológica para selecionar a melhor espessura de revestimento

1.5 Organização da tese

A presente tese apresenta um resumo pormenorizado da investigação atual. A tese é composta por sete capítulos.

O Capítulo 1 é a introdução à tese. Para além de fornecer uma breve introdução, são abordados neste capítulo dois tipos principais de falhas e comportamentos mecânicos e físicos, bem como o seu efeito nos componentes da indústria. Também é apresentada uma breve ideia sobre a seleção do material do substrato e do material de revestimento. Este capítulo explora o foco e a importância da investigação e dos objectivos, bem como as tarefas realizadas para cumprir os objectivos. O capítulo termina com um resumo da tese por capítulos.

O Capítulo 2 apresenta os tipos de literatura relevantes que fornecem uma breve descrição dos diferentes processos de revestimento utilizados para o revestimento de Stellite 6, diferentes processos de revestimento por aspersão térmica, incluindo o processo de aspersão por plasma, caraterísticas mecânicas e microestruturais, caraterísticas de corrosão e erosão do revestimento de Stellite 6, desgaste erosivo a temperaturas elevadas, mecanismo de desgaste, investigações anteriores relacionadas com a erosão e desenvolvimento de diferentes modelos de erosão, literatura relacionada com o Sistema de Inferência Neuro-Fuzzy Adaptativo e técnicas de monitorização do estado semelhantes à análise tri-vetorial e à análise de crivos tecnológicos, etc.

O capítulo 3 apresenta os pormenores das experiências efectuadas para a realização da presente investigação. Neste capítulo, é explicada a seleção do pó de revestimento e do material do substrato; é fornecida a composição química de ambos; são discutidos os pormenores do processo de revestimento por pulverização de plasma e os parâmetros dos diferentes processos e procedimentos experimentais seguidos; são apresentadas as instalações e os processos realizados para a análise da microestrutura, da microdureza, da resistência à corrosão e da resistência à erosão a diferentes temperaturas, como a temperatura ambiente, 300^0 C, 600^0 C, etc.

O Capítulo 4 explica os resultados das investigações efectuadas para a avaliação da microestrutura, microdureza, resistência à corrosão e resistência à erosão a diferentes temperaturas. A análise da fase, forma, tamanho e distribuição do tamanho das partículas do pó de revestimento é efectuada antes da experimentação. A densidade, a porosidade e a rugosidade da superfície dos espécimes revestidos são avaliadas. A espessura do revestimento e a força de adesão são determinadas em cada espécime. Os pormenores dos instrumentos em que as experiências são realizadas são explicados neste capítulo. O efeito dos carbonetos e de diferentes elementos primários, como o cobalto, o crómio e o tungsténio, na microestrutura é examinado através de um microscópio eletrónico de varrimento com espetro dispersivo de energia. Os dados obtidos através de experiências são recolhidos e analisados. São discutidas as razões para um aumento da dureza e da resistência à corrosão. A variação das propriedades de resistência à erosão em cada espécime e o efeito das temperaturas sobre elas são analisados e discutidos.

O capítulo 5 é dedicado à avaliação da resistência ao desgaste erosivo à temperatura ambiente. Este capítulo apresenta os pormenores dos modelos de previsão destinados a relacionar a resistência ao desgaste real à temperatura ambiente com os valores teóricos e previstos da resistência ao desgaste. Além disso, é apresentado um modelo de previsão baseado num sistema de inferência neuro-fuzzy adaptativo que tem em conta parâmetros importantes. Este método cria uma base de dados, efectua testes, formação e validação e, em seguida, gera uma lista de resultados previstos. O modelo de previsão baseado no sistema de inferência neuro-fuzzy adaptativo considera todas as variáveis utilizadas no processo de erosão por partículas sólidas e valida o valor experimental com o resultado do modelo previsto, selecionando o melhor espécime adequado entre três espécimes.

O capítulo 6 introduz uma nova ferramenta de identificação de gestão para decidir sobre a escolha do espécime mais adequado, tendo em conta todas as caraterísticas. Este capítulo fornece os detalhes sobre a análise de tomada de decisões de gestão que inclui a análise tri-vetorial e a análise de crivos tecnológicos. O espécime-1 fornece o melhor resultado durante a erosão a diferentes temperaturas, como a temperatura ambiente, 300^0 C e 600^0 C, o espécime-2 dá origem à melhor microdureza e o espécime-3 responde eficazmente à corrosão. Assim, é apresentada uma técnica de tomada de decisão para a avaliação dos resultados obtidos através de experiências relativas à taxa de desgaste erosivo a diferentes temperaturas, à propriedade de resistência à corrosão e à resistência mecânica, utilizando técnicas de tomada de decisão. A análise visa identificar e selecionar o melhor espécime adequado que apresenta um desempenho significativo em termos de microdureza, corrosão e erosão a temperaturas elevadas.

O capítulo 7 resume as principais conclusões do atual trabalho de investigação e propõe trabalho futuro. Os resultados experimentais do estudo são apresentados, juntamente com as conclusões retiradas e uma discussão dos resultados. Este capítulo identifica algumas áreas de investigação possíveis que necessitam de mais investigação, mas que ainda não foram abordadas pela investigação.

No final da tese, é fornecida uma referência completa com uma bibliografia.

1.6 Contribuições do académico

Os principais contributos do académico são os seguintes:

(1) Foi investigado o efeito da espessura do revestimento na microdureza, na microestrutura, na propriedade de resistência à corrosão e na propriedade de resistência à erosão a diferentes temperaturas.

(2) A perda de volume de erosão experimental de todos os espécimes foi validada com a perda de volume de erosão teórica e prevista pelo ANFIS à temperatura ambiente.

(3) O melhor espécime de revestimento adequado que pode passar por microdureza, corrosão e erosão a diferentes temperaturas foi identificado através de ferramentas de gestão como o crivo tecnológico e a análise tri-vetorial.

Capítulo 2

REVISÃO DA LITERATURA

Neste capítulo é apresentada uma avaliação crítica da caraterização microestrutural, mecânica, de desgaste e de corrosão das ligas à base de Cobalto. Este capítulo está dividido nas seguintes secções:

2.1 O substrato metálico utilizado na experiência / para aplicação industrial

2.2 Diferentes tipos de processos de modificação da superfície

2.3 Processos de pulverização térmica

    2.3.1 Processo de pulverização por plasma

2.4 Ligas à base de cobalto (Stellites)

    2.4.1 O contexto histórico

    2.4.2 Estudos prévios sobre as ligas Stellite 6

    2.4.3 Caraterísticas mecânicas, tribológicas e microestruturais das ligas de Stellite 6

2.5 Estudo do comportamento de corrosão ou erosão do substrato revestido com Stellite 6

2.6 Mecanismo de desgaste

2.7 Desgaste a temperatura elevada

2.8 Modelo de erosão

2.9 Diferentes técnicas de otimização utilizadas para a otimização dos parâmetros do processo

    2.9.1 Sistema de Interferência Neuro-Fuzzy Adaptativo

    2.9.2 Análise tri-vetorial/técnica de monitorização das condições/análise granulométrica

2.1 O substrato metálico utilizado na experiência / para aplicação industrial

O tipo de aço inoxidável mais frequentemente utilizado é o austenítico. De acordo com o sistema de classificação AISI/SAE, os aços inoxidáveis austeníticos pertencem às séries 200 e 300 e têm um teor de níquel e crómio que varia entre 2% e 20% e 16% e 30%, respetivamente. O aço inoxidável austenítico mais popular e mais comummente utilizado com base no níquel é o aço inoxidável de grau 304. Normalmente, o grau 304 tem 18% de crómio e 8% de níquel. Uma vez que o ferro é o componente principal, que tende a ser económico, são considerados como uma liga rentável que cumpre os critérios em muitas condições.

Têm um teor de carbono muito baixo e um elevado teor de níquel e crómio, que são os principais responsáveis pela sua formabilidade, resistência à corrosão e resistência ao desgaste. Devido à sua excelente resistência à corrosão e elevada resistência mecânica, é ideal para aplicações químicas, culinárias, petroquímicas e nucleares. [9, 10] Entre os vários graus de ASS, o aço de grau 304 apresenta boa tenacidade, força e resistência a altas temperaturas, etc., tornando-se um material superior para aplicação na indústria química, instalações médicas, sectores de defesa, vasos de reactores de centrais nucleares, materiais estruturais de um reator nuclear, etc. [11, 12] No entanto, em muitas aplicações industriais, a resistência ao desgaste e a dureza superficial do aço inoxidável SS 304 são insuficientes [13, 14]. As propriedades relativamente baixas de dureza e resistência ao desgaste limitam a sua utilização em vários domínios. [15]

2.2 Diferentes tipos de processos de modificação da superfície

O aço austenítico pode então ser revestido com uma camada protetora para melhorar ainda mais as caraterísticas de resistência ao desgaste e à corrosão e acentuar a melhoria da vida útil dos componentes. Por conseguinte, é adotado um grande número de procedimentos de revestimento de superfícies neste material de aço inoxidável para melhorar as suas propriedades mecânicas, bem como a vida útil destes componentes, o que resulta numa melhoria da fiabilidade dos mesmos. Alguns dos processos de revestimento que foram utilizados para a modificação de superfícies são discutidos de seguida.

Pretendia-se produzir um compósito mais resistente ao desgaste incorporando um novo composto de carboneto, VWC, no Stellite 21 através de um processo de revestimento duro por arco transferido por plasma (PTA). Descobriu-se que a camada de compósito VWC/Stellite 21 tinha uma dureza e uma resistência ao desgaste substancialmente mais elevadas do que o Stellite 21 puro.[16] A modificação da superfície com o revestimento é uma das melhores formas de reduzir a corrosão, principalmente para produtos como lâminas de turbinas hidráulicas, válvulas de escape em motores, ferramentas de corte, moldes, matrizes, etc., que funcionam num ambiente hostil. [17-19]

Lertvijitpun et al. utilizaram a tecnologia de soldadura por arco com núcleo fluxado (FCAW) para o revestimento duro de Stellite12 na superfície do aço AISI 304. A construção da fase interdendrítica, incluindo o tamanho e a forma, teve um impacto significativo na resistência à erosão, de acordo com a investigação da superfície. No seu estudo, o comportamento da erosão foi ainda abordado com a entrada de calor e a taxa de arrefecimento relacionadas com os parâmetros de soldadura. [20]

O aço 309-16L foi depositado sobre o "aço 9Cr-1Mo (ASME Grau 91)" utilizando uma técnica FCAW e, em seguida, o Stellite 6 (liga de Co-Cr) foi colocado sobre ele utilizando o processo de soldadura por arco com transferência de plasma para melhorar a resistência ao desgaste em aplicações de válvulas a alta temperatura. O efeito dos elementos de liga, que incluem Co, Cr e W, no desgaste abrasivo por deslizamento foi documentado. [21]

Mirshekari et al.[22] realizaram sobreposições de solda com Stellite 6 em lâminas de turbina de aço inoxidável martensítico AISI 420 com e sem a utilização de aço inoxidável austenítico AISI 309L e interlayers de Stellite 6, utilizando soldadura por arco de tungsténio gasoso (GTAW). Descobriu-se que a adição de camadas intermédias teve um impacto considerável na diluição, aumentando simultaneamente a dureza e as propriedades de resistência ao desgaste dos revestimentos de soldadura.

A influência do campo eletromagnético nos revestimentos de NiCrBSi revestidos a laser foi investigada utilizando um sinal externo de campo magnético constante e aplicações de campo composto eletromagnético. Em comparação com os revestimentos sem campos suplementares, os revestimentos expostos a campos electromagnéticos apresentaram um aumento da microdureza média e da resistência à corrosão. [23]

Szala et al. examinaram o mecanismo de desgaste de películas de AlTiN e TiAlN que foram depositadas por pulverização catódica magnetrónica no substrato de aço inoxidável SS-304 com concentrações variáveis de elementos químicos. A redução da ductilidade do revestimento provocou o descolamento do revestimento e a exposição do substrato. [24]

Outro tipo de procedimento de revestimento, os métodos GTAW e FCAW, foram utilizados para revestir Stellite1 em aço inoxidável SS304 para aplicação offshore, o que causou fissuras intergranulares e longitudinais. As fracturas intersectoriais foram reduzidas através do controlo do pré-aquecimento do substrato, do isolamento térmico, da fixação do trabalho e do tempo de arrefecimento. [25]

Foi feito um esforço para construir compósitos híbridos Al-Al O -WS$_{232}$ pelo método da metalurgia do pó e otimizar os parâmetros do processo. As amostras foram criadas alterando a temperatura de sinterização (400 °C, 500 °C e 600 °C) e a pressão de compactação (380 MPa, 450 MPa, 500 MPa, 560 MPa e 620 MPa). Foram utilizadas técnicas teóricas e experimentais para determinar as densidades e porosidades das amostras. [26]

Foi utilizado um laser Nd: YAG pulsado para gerar padrões de superfície com ranhuras e covinhas em superfícies de titânio e suas ligas. Foram investigados os efeitos das definições do laser nas duas morfologias de textura diferentes. Os resultados demonstram que os parâmetros do laser afectam significativamente o tamanho e a profundidade da textura das superfícies de titânio e suas ligas. [27]

A liga composta por elementos como o Níquel-Crómio-Silício-Boro foi colocada no aço 304 através do procedimento Pulse-GMAW e o efeito da corrente no revestimento foi estudado por Zunake et al. Observou-se que o aumento da concentração de ferro no revestimento a correntes mais elevadas impedia a produção de boreto. Além disso, o estudo atual mostrou uma relação inversa entre a dureza e a resistência ao desgaste com a corrente. [28]

2.3 Processo de pulverização térmica

A pulverização térmica é um tipo de técnica de modificação de superfícies que envolve a pulverização de substâncias aquecidas ou fundidas em superfícies de substratos para melhorar as suas propriedades mecânicas. Refere-se a uma variedade de técnicas em que um material em pó é total ou parcialmente fundido numa chama de gás a alta temperatura antes de ser pulverizado através de um bocal sobre o substrato. Descrevem-se a seguir diferentes tipos de técnicas de pulverização que têm sido utilizadas para depositar revestimentos para proteção contra ambientes perigosos.

- ❖ Processo de pulverização oxi-combustível de alta velocidade (HVOF)
- ❖ O processo de pulverização por chama com partículas de arame ou pó
- ❖ Processo de pulverização de fio de arco elétrico
- ❖ Processo de pulverização por plasma
- ❖ Processo de fusíveis e pulverização

A quantidade de energia necessária é fornecida por propano, gás natural, oxigénio, acetileno, gás natural, propileno e metil-acetileno em diferentes técnicas de pulverização térmica. Os sistemas de pulverização são todos diferentes uns dos outros em termos da forma como a matéria-prima é injetada e fundida, da eficiência da deposição e da quantidade de oxidação que ocorre durante a pulverização. Também são utilizados diferentes tipos de materiais de proteção para vários tipos de revestimento por pulverização térmica, que são discutidos a seguir.

Nesta pesquisa, o comportamento de erosão do revestimento de NiAl depositado através de aspersão térmica oxi-combustível de alta velocidade foi investigado à temperatura ambiente, em vários ângulos e velocidades de partículas. Para todas as velocidades, a erosão máxima foi observada em um ângulo de 90°, o que indica um comportamento frágil tradicional. Observou-se que o revestimento apresentou os melhores resultados em diferentes parâmetros. [29]

Dent et al. investigaram a caraterização microestrutural e mecânica de uma liga de níquel-crómio-boro/carbono para criar revestimentos com 200 m de espessura utilizando pulverização térmica oxi-combustível de alta velocidade (HVOF). A microdureza da amostra revestida foi muito mais elevada do que a da amostra não revestida. [30]

Os revestimentos Cermet foram aplicados nas peças maquinadas para evitar o desgaste e a corrosão. Os revestimentos eram compostos por partículas de $Cr\,C_{32}$ ou WC "num ligante metálico, que pode ser um único metal ou uma" combinação de

Níquel, Crómio e Cobalto. O revestimento em estudo foi efectuado por pulverização (HVOF) e a sua resistência à erosão e à corrosão foi estudada. [31]

O estudo realizado por Deshpande et al. demonstrou que os métodos utilizados durante os procedimentos de pulverização tinham afetado as variações fundamentais da microestrutura. O objetivo do seu trabalho era discutir os mecanismos de oxidação. Forneceram explicações judiciosas sobre os papéis dos óxidos na evolução microestrutural dos revestimentos de Ni-5 wt% Al sob vários procedimentos. [32]

Chauhan et al. utilizaram DGun para depositar revestimentos de estelita-6, Cr3C2-NiCr e WC-Co-Cr em aço 21Cr-4Ni-N laminado a quente destinado à criação de peças submersas de turbinas hidráulicas. Foi demonstrado que o tipo e o grau de porosidade nos revestimentos de superfície têm um impacto significativo no comportamento da erosão. [33]

Foi investigado o efeito das variáveis de pulverização, incluindo a distância, a temperatura do gás e a pressão, nas caraterísticas dos revestimentos de Stellite 6 pulverizados a frio aplicados a substratos de aço. Uma distância e pressão maiores resultaram em eficiências de deposição (DEs) mais fracas e teores de porosidade mais elevados, mas o aumento da temperatura do gás resultou num melhor revestimento. [34]

Mousavi et al. utilizaram uma técnica de HVOF alimentada a gás para aplicar um revestimento de Stellite-6 num substrato de bronze Ni-Al (NAB) e observaram um aumento do potencial de corrosão, uma diminuição da densidade da corrente de corrosão de 3,91 para 1,82 A/cm^2 , e uma resistência capacitiva significativamente mais elevada[35].

2.3.1 Processo de pulverização por plasma

A pulverização por plasma é um tipo de procedimento de pulverização térmica que utiliza uma fonte de calor de alta intensidade para fundir e acelerar pequenas partículas numa superfície alvo. É um tipo de técnica de revestimento de superfícies que utiliza vários tipos de pós de revestimento, como cerâmicos, metálicos, poliméricos, compósitos, etc., para revestir qualquer tipo de material. [36]

O diagrama esquemático do processo de projeção por plasma é apresentado na figura. [37]

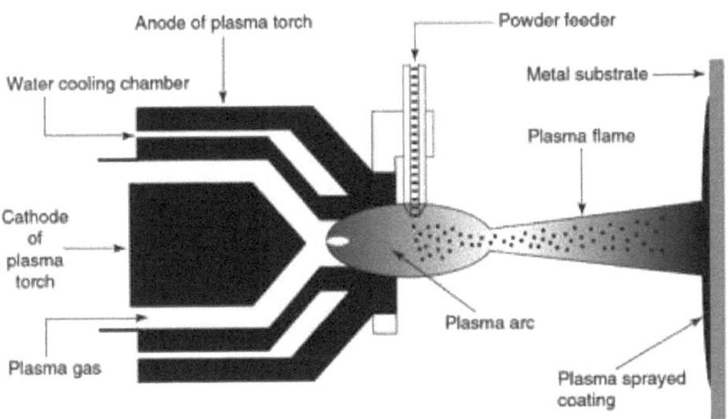

Figura 2.1: Diagrama esquemático do processo de pulverização por plasma
(Fonte: Wang, M., 2010)

O cátodo de tungsténio e o ânodo cilíndrico de cobre constituem a tocha de plasma. Um arco é iniciado por uma descarga de alta frequência e os gases fluem através do espaço anular entre os dois eléctrodos para gerar plasma. O fluxo de gás que se move entre os dois eléctrodos expande o arco, fazendo com que este passe de um elétrodo para o outro antes de sair pelo bocal da tocha como uma chama de plasma. Normalmente, os gases de arco incluem gases como Ar, He, H_2 e N_2 (gases formadores de plasma). A pulverização por plasma pode ser utilizada para fundir e depositar qualquer metal ou cerâmica, incluindo metais refractários ou óxidos.

O revestimento produzido pela técnica de projeção de plasma resultou numa melhor resistência à corrosão, melhorando a vida útil dos materiais do substrato. Neste processo, o pó de revestimento é iniciado no jato de plasma térmico que se funde e se desloca em direção ao substrato a uma velocidade muito rápida. Estas gotículas fundidas são extintas após o impacto com o substrato, formando uma microestrutura em camadas e podem também conter muito poucos defeitos, como poros, salpicos e microfissuras. Além disso, a técnica de pulverização por plasma proporciona revestimentos de boa qualidade e aderência, com maior eficiência de deposição. [38, 39]

Os revestimentos pulverizados por plasma são aplicados em várias indústrias. Podem melhorar as caraterísticas da superfície, por exemplo, a resistência térmica e ao desgaste, a estabilidade química e a resistência à corrosão, juntamente com certas caraterísticas mecânicas e eléctricas que são cruciais para a utilização em condições adversas.

As propriedades de erosão e abrasão de muitos revestimentos de alumina pulverizados por plasma foram avaliadas por Westergård et al. Com a utilização de um sistema comercial de pulverização por plasma de injeção axial, pós com diferentes tamanhos de grão e cristalinidades e várias circunstâncias de pulverização, os revestimentos foram aplicados. Observou-se que os pós de safira com tamanhos médios de precursores tinham uma vantagem sobre os pós normais de pulverização por plasma de alumina. [40]

Os revestimentos de cermet WC/Co foram frequentemente pulverizados termicamente em superfícies devido à sua resistência ao desgaste abrasivo. Foi investigado o impacto do tamanho do grão dos abrasivos e dos revestimentos WC/Co no desgaste abrasivo quando aplicados utilizando os procedimentos APS, HVOF e VPS. Observou-se que os revestimentos HVOF apresentavam os níveis mais elevados de resistência ao desgaste, enquanto os revestimentos VPS apresentavam uma propriedade de resistência ao desgaste razoável. [41]

Praveen et al. utilizaram uma abordagem de pulverização de plasma atmosférico para criar um revestimento no material de substrato AISI 304 que continha 60% de NiCrSiB e 40% de Al2O3. Utilizando uma máquina de testes de erosão por jato de ar quente a 450 °C, foi investigado o comportamento de erosão do revestimento pulverizado por plasma. Em ângulos de impacto erodente de 30° e 90°, foi avaliada a taxa de erosão de amostras revestidas e não tratadas. [42]

As propriedades mecânicas dos revestimentos de ligas NiTi com memória de forma, incluindo a dureza (microdureza Vickers), a força de adesão (ASTMC-633) e a resistência ao desgaste erosivo por partículas sólidas, foram examinadas depois de terem sido aplicadas em substratos de aço macio utilizando pulverização por plasma atmosférico (APS). Foram determinadas as relações entre os diferentes parâmetros do processo de projeção de plasma e o comportamento mecânico e de erosão do revestimento. Além disso, "a análise de uma porção erodida da camada exterior foi inspeccionada através de um microscópio eletrónico de varrimento para examinar os vários mecanismos de desgaste, tais como a deformação plástica, a formação da cratera, os salpicos na fronteira e o desenvolvimento do lábio) aí presentes. [43]

Utilizando o método de pulverização por plasma atmosférico (APS), a substância em pó Ni-Al foi fundida e depositada num substrato de liga de alumínio, tendo sido observado o impacto dos parâmetros do processo na espessura do revestimento, bem como a dureza e a tenacidade do revestimento. A abordagem da superfície de resposta e a conceção da experiência facilitaram a determinação do conjunto ideal de parâmetros de pulverização. [44]

O pó de Fe-P e a sua mistura utilizando óxido de grafeno reduzido foram pulverizados por plasma num substrato de aço macio e o efeito na resistência ao desgaste e na resistência à corrosão foi discutido por Debasish et al. [45]

2.4 Ligas à base de cobalto (Stellites)

2.4.1 O contexto histórico

As ligas Stellite à base de cobalto foram desenvolvidas por Elwood P. Haynes na década de 1900. Em 1912, Haynes fundou a Haynes Stellite Company, mais tarde denominada Delero Stellite Company. A palavra Stellite é derivada da palavra latina "Stella", que significa estrela. Mais tarde, o ternado Co-Cr-Mo e Co-Cr-W foi descoberto como o sistema dominante no sistema de liga de Cobalto-Crómio, tornando-o um material mais resistente ao desgaste e à corrosão. Assim, estas ligas possuem uma forte resistência ao desgaste, à corrosão e a capacidade de suportar temperaturas extremamente elevadas e ambientes agressivos. São também bastante duras.

As estelites são superligas feitas de cobalto. O cobalto é um metal magnético robusto com uma cor cinzento-prateada. As ligas à base de cobalto encontram as suas aplicações que necessitam de propriedades magnéticas, resistência à corrosão, resistência ao desgaste, resistência a temperaturas elevadas e sobrevivência num ambiente hostil. [49]

2.4.2 Estudos anteriores sobre a liga Stellite 6

O cobalto é cinzento-prateado, um metal de transição duro e quebradiço, com caraterísticas magnéticas comparáveis às do ferro (é ferromagnético). Como tem um elevado ponto de fusão e uma tenacidade duradoura a temperaturas mais elevadas, o cobalto é utilizado como componente em ligas metálicas. A estrutura cristalina instável fcc que o cobalto fornece às suas ligas tem uma energia de falha de empilhamento (SFE) muito pobre. A instabilidade é causada pelo facto de que quando o cobalto elementar é arrefecido muito lentamente, a sua estrutura cristalina transforma-se de uma estrutura cúbica centrada na face (fcc) para uma estrutura hexagonalmente empacotada (hcp) em torno de 417°C.A estrutura cristalina centrada na face do cobalto e das ligas associadas é frequentemente mantida à temperatura ambiente devido à transformação lenta, e a síntese de hcp só é iniciada por tensão mecânica ou exposição prolongada a temperaturas elevadas. [50, 51]

Para partículas de pó com um diâmetro de 400 a 10 µm, respetivamente, as velocidades de arrefecimento dos pós de Stellite 6atomizados a gás variam de 10^3 a 10^6 K seg^{-1} . A microestrutura das fitas fiadas por fusão passa de microcristalina a colunas de cristais dendríticos a velocidades de arrefecimento na gama de 10^6 K seg^{-1} ao longo de uma secção transversal da fita. [52]

Os revestimentos de liga de Stellite 6 foram feitos utilizando a técnica de plasma arc clad, e os espécimes as-clad foram depois sujeitos a envelhecimento a uma temperatura constante de 700^0 C durante um máximo de 1000 horas para a avaliação dos efeitos do envelhecimento isotérmico prolongado na evolução microestrutural. Uma abordagem de modelação para a transformação da martensite foi também criada por Yang et al. para explicar a variação na concentração do volume de martensite ao longo do envelhecimento e para prever o nível de transformação durante o envelhecimento elevado. [53]

2.4.3 Caraterísticas mecânicas, tribológicas e microestruturais das ligas de Stellite 6

Em diferentes tipos de literatura, as caraterísticas mecânicas, tribológicas e microestruturais foram efectuadas através de diferentes processos. Alguns destes trabalhos são apresentados de seguida.

Existem principalmente dois pares de Stellites (Yao et al., 2005). O primeiro tipo consiste em compostos Co-Cr-W-C que contêm W, como Stellite 6, Stellite 12,

Stellite 1, e Stellite 190, e o segundo tipo consiste em combinações Co-Cr-M-C que contêm Mo, como Stellite 706, Stellite 712, Stellite 701, e Stellite 790. [54]

D'Oliveira et al., "Stellite-6, uma liga à base de cobalto, foi revestida sobre a superfície de aço inoxidável SS 304" através de um processo de cladding a laser e foram discutidas as alterações no perfil de dureza, na microestrutura e na intensidade de tensões residuais resultantes da adição de camadas adicionais. Os resultados foram revistos à luz da possibilidade de aplicação da técnica de cladding a laser em serviço industrial, tendo em conta que a substituição de superfícies danificadas em componentes requer frequentemente a capacidade de trabalhar em várias regiões de profundidade. [55]

O aço carbono AISI 1045 foi revestido com ligas de revestimento duro Stellite 6 com concentrações variáveis de Mo, utilizando equipamento de soldadura por arco transferido por plasma (PTA). Verificou-se que, em vez de carbonetos do tipo M_7C_3 e $M_{23}C_6$ à base de crómio, foram gerados carbonetos do tipo $M_{23}C_6$ e M_6C com um aumento do teor de Mo, que se encontram na zona interdendrítica da liga de face dura Stellite 6. As qualidades mecânicas da liga Stellite 6 de face dura alterada com Mo, incluindo a dureza e a resistência ao desgaste, foram melhoradas como resultado desta alteração microestrutural. [56]

No estudo efectuado por Navas et al., os revestimentos de liga Stellite 6 foram depositados a laser em dois materiais de superfície distintos: aço inoxidável SS 304 e aço carbono SS 1045. A partir da experiência, verificou-se que as camadas de Stellite 6 se desgastaram principalmente como resultado de um processo misto de oxidação e abrasão, enquanto o substrato de aço AISI 1045 se desgastou principalmente como resultado do mecanismo de oxidação. Para o aço SS 304, uma combinação de mecanismos de adesão, abrasão e deformação plástica causou o desgaste. [57]

O revestimento laser coaxial foi utilizado por Lin et al. para depositar camadas superficiais finas de aço inoxidável 410 (SS) e ligas à base de cobalto (Stellite 6 e Tribaloy T-900) em substratos de aço macio. Em contraste com "a estrutura da lâmina marcada em revestimentos de soldadura típicos, os" eutécticos interdendríticos eram constituídos por minúsculos "carbonetos ou compostos intermetálicos" que estavam dispersos numa matriz de cobalto. Foi assinalado que "as propriedades de resistência à corrosão e ao desgaste dos espécimes revestidos com Stellite-6 são superiores às dos espécimes revestidos com T-900. [58]

Devido à sua boa resistência à corrosão, o substrato AISI 316 conseguiu obter uma melhor proteção da camada de revestimento contra a resistência à erosão por lama. Um exame da superfície de desgaste utilizando microscopia eletrónica de varrimento revelou que o material de revestimento foi perdido por indentação, criação de crateras, formação de lábios e fratura. [59]

O revestimento laser coaxial foi utilizado para depositar a liga Stellite 6 na face da sede das válvulas de controlo. Em estudos paralelos nesta investigação, foi selecionado um processo de arco transferido por plasma (PTA) para comparação com as técnicas tradicionais de revestimento duro. As camadas de cladding depositadas por laser cladding mostraram estruturas melhoradas na solidificação e distinguiram-se das sobreposições PTA pela sua maior dureza, resistência ao impacto e resistência ao desgaste por impacto. A resistência ao desgaste por impacto das sedes das válvulas revestidas a laser, ou a obstrução à fissuração por impacto a cargas elevadas, foi superior à da válvula com sede soldada com PTA. [60] Os diferentes processos de fabrico e a percentagem de peso dos elementos desempenham um papel importante nas propriedades tribomecânicas das ligas à base de cobalto[61].

Hattori et al. compararam a resistência à erosão de várias sobreposições de solda de liga de Stellite 6 (ST6) e Stellite 21 (ST21) usando cavitação líquida e métodos vibratórios. A resistência à erosão por cavitação das sobreposições de soldadura da liga de stellite ST6 foi influenciada pelo tamanho de grão da matriz Co. Adicionalmente, descobriu-se que as taxas de erosão do método de jato cavitante e do método vibratório tinham uma alta correlação quando se comparava o comportamento de erosão dos dois métodos. [62]

O comportamento de solidificação, a dureza associada, a microestrutura e os sistemas de ligas Co-Cr-W-Ni e Co-Cr-Mo-Ni foram todos estudados na investigação conduzida por Liu et al. O efeito dos componentes da liga no comportamento de solidificação e nas microestruturas relacionadas foi o objetivo principal. A dureza das ligas foi determinada pela percentagem volumétrica de carbonetos, fase de Lave e outros compostos intermetálicos na microestrutura. [63]

Luo et al. utilizaram a deposição supersónica a laser para a deposição de pós de Stellite 6® em aço carbono. Os resultados mostraram que a microestrutura e o comportamento de desgaste das condições de deposição SLD mais bem sucedidas com N_2 a uma pressão de 30 bar, uma temperatura de 450 °C e uma potência de deposição de 1,5 kW foram comparados com os do revestimento laser optimizado. [64]

Liu et al. investigaram experimentalmente a microestrutura e as fases, a dureza e a resistência ao desgaste de "três ligas de estelite com alto teor de carbono e molibdénio". A resistência ao desgaste das ligas de estelite com alto teor de carbono CoCrMo foi inferior à das ligas de estelite com alto teor de carbono CoCrW, apesar de terem a mesma quantidade de carbono ou uma quantidade semelhante à observada. [65]

Neste estudo, Gülsoy et al. sintetizaram peças de superliga Stellite 6 à base de Co utilizando a técnica de moldagem por injeção de pó (PIM) com o objetivo de analisar as caraterísticas microestruturais e mecânicas dos componentes criados. Os resultados mostraram que as peças moldadas por injeção de Stellite 6 eram constituídas por grãos pequenos e equiaxiais, e muitos carbonetos precipitavam com uma distribuição uniforme pela microestrutura e qualidades mecânicas muito fortes. [66]

As propriedades de desgaste da sobreposição de Stellite 6 na superfície do aço SS 4130, utilizando o processo de arco transferido por microplasma, foram examinadas por Sawant et al. na investigação. Para melhorar "a propriedade de resistência ao desgaste da sobreposição de Stellite", foram investigados os impactos da potência do processo de plasma, o caudal de pó e a velocidade de deslocação da mesa de trabalho no que respeita ao espaço entre os braços dendríticos secundários, à microestrutura, à diluição e à microdureza. A sobreposição de Stellite obtida apresentou uma estrutura em camadas constituída por fases α-Co e ε-Co, carbonetos de crómio ($Cr\ C_{236}$ e $Cr\ C_{73}$) e compostos portadores de tungsténio. A análise da microdureza e do desgaste revelou que o aumento da velocidade de deslocação da mesa de trabalho também causou uma diminuição do coeficiente de atrito, um aumento do volume de desgaste e um aumento da microdureza. [67]

Magarò et al. investigaram os impactos das variáveis do processo nas propriedades mecânicas e tribológicas de revestimentos de Stellite-6 por pulverização dinâmica a gás a frio. Foi demonstrado que o impacto da temperatura no sistema partícula-substrato é o principal fator que afecta as propriedades mecânicas e tribológicas dos revestimentos de Stellite-6 por pulverização dinâmica a gás a frio, tendo sido determinadas janelas de deposição adequadas. [68]

Budzyński et al. examinaram as caraterísticas de desgaste da liga Stellite 6 após a procriação de iões de azoto e iões de manganês a 120 keV e 175 keV, respetivamente. As amostras com implantes de azoto apresentaram um coeficiente de atrito e desgaste significativamente mais baixos até ao início do desgaste da espessura alterada. As amostras de Stellite 6 criadas com iões de manganês não apresentam efeitos de longo alcance devido à sua baixa mobilidade, uma vez que o raio iónico do manganês é superior ao do azoto. [69]

Foram investigados a microestrutura e os parâmetros de erosão da pasta de revestimento de Stellite 6 colocada em substratos de aço inoxidável SS 316 e SS 410. A deposição foi efectuada através do procedimento de soldadura por arco de tungsténio gasoso (GTAW). Devido à sua resistência melhorada a agressões corrosivas, o substrato AISI 316 foi capaz de obter uma boa resistência à erosão por lama dos revestimentos. [70]

Para aumentar a capacidade do substrato de aço inoxidável 17-4 PH para resistir à cavitação, foram aplicados revestimentos de estelita-6 através de deposição supersónica a laser (SLD) e laser clad (LC). De acordo com as conclusões, o revestimento SLD tem uma maior relação entre dureza e módulo, menor diluição e grão mais fino. O refinamento do grão, uma menor proporção de diluição e uma maior dureza têm um maior impacto benéfico no desempenho da cavitação do que a porosidade. O revestimento SLD foi, portanto, mais resistente à cavitação do que o revestimento LC. [71]

Thawari et al. utilizaram uma camada tampão de Inconel 625 com entradas de calor lineares variadas (LHI) com revestimentos de resistência ao desgaste de Stellite 6 num substrato de SS316 e investigaram o impacto da camada absorvente "nas propriedades microestruturais e mecânicas dos revestimentos" feitos de Stellite 6. Observaram uma melhoria na microdureza, na taxa de desgaste e nas propriedades microestruturais com uma camada tampão com LHI reduzido. Além disso, através da camada tampão com entradas de calor lineares variadas, foi observada uma melhoria na taxa de desgaste com grande microdureza. [72]

Jeyaprakash et al. experimentaram depositar duas camadas protectoras diferentes de "Colmonoy-6 e Stellite-6 Micron coats no aço inoxidável 304 utilizando o processo de revestimento a laser e examinaram as propriedades mecânicas, metalúrgicas, tribológicas, a rugosidade média, os resíduos de desgaste e o mecanismo de desgaste das camadas protectoras. Os resultados da experiência revelaram que o coeficiente de atrito do revestimento Colmonoy-6 era inferior ao do revestimento Stellite-6, o que aumentava a resistência ao desgaste 49 vezes superior à do substrato. Além disso, observou-se que a adesão e a abrasão eram os mecanismos de desgaste. [73]

No aço para carris com baixo teor de carbono, foram utilizados métodos de tratamento térmico como a austêmpera acima de Ms e a aus-têmpera abaixo de Ms. Foi estudado o efeito da microestrutura multifásica na perda de peso, na superfície desgastada, na evolução da microestrutura e no início de uma fenda nos comportamentos de desgaste e de fadiga por contacto com o rolamento (RCF). Entretanto, foram realizados exames para examinar o início da fratura entre a camada exterior e a camada submersa durante o contacto por rolamento, e foram desenvolvidas relações entre a evolução da microestrutura e a iniciação das localizações das fissuras. [74]

2.5 Estudo do comportamento à corrosão ou erosão do substrato revestido com Stellite 6

Diferentes investigadores estudaram o comportamento de corrosão e erosão de substratos revestidos com Stellite 6. Alguns deles são discutidos a seguir.

Toma et al. investigaram as propriedades de resistência à erosão e à corrosão de revestimentos cerâmicos compostos por partículas de $Cr\ C_{32}$ ou WC e que podem ser utilizados como um único material ou como uma combinação de elementos de níquel, crómio e cobalto. As caraterísticas de corrosão dos revestimentos pulverizados tiveram um impacto significativo na taxa de perda de material em ambientes de corrosão de roupa interior, tal como observado na experiência. Além disso, a erosão é acelerada em revestimentos com uma matriz que é menos resistente à corrosão. [75]

Malayoglu et al. compararam as propriedades de corrosão através de testes electroquímicos, a proteção contra a deterioração mecânica e a correlação entre a microestrutura e a técnica de deterioração das ligas Stellite 706 e 6, tanto na forma fundida como na forma prensada isostaticamente a quente, contendo 5 por cento em peso de molibdénio e 4,8 por cento em peso de tungsténio, respetivamente. A consequência da microestrutura no comportamento de erosão-corrosão das ligas também foi observada. Não foi observada qualquer relação entre a dureza e a propriedade de resistência à erosão-corrosão nessas ligas multifásicas. [76]

Sidhu et al. observaram que o revestimento de Stellite-6 ajudava a melhorar a resistência à corrosão a quente numa solução salina liquefeita. A deposição do revestimento é efectuada por refusão a laser, o que proporciona uma resistência à corrosão ligeiramente inferior devido à formação de óxidos e tensões[77].

O objetivo da investigação levada a cabo por Sidhu et al. era avaliar o desempenho em termos de erosão-corrosão (E-C) de revestimentos de Stellite-6 remexidos a laser juntamente com revestimentos de Stellite-6 pulverizados a plasma em aços utilizados para o fabrico de tubos de caldeiras em ambientes de caldeiras a carvão. Descobriu-se que os aços revestidos têm maior resistência ao E-C do que as superfícies de aço nuas. O aço T11 revestido e posteriormente refundido a laser demonstrou ter a maior resistência à deterioração. [78]

O estudo foi efectuado em revestimentos de NiCr e Stellite-6 revestidos por pulverização HVOF e sem revestimento em aços utilizados para a preparação de tubos de caldeira (GrA1) a uma temperatura de 250 °C, utilizando um equipamento de ensaio de erosão por jato de ar. Para ambos os ângulos de impacto, o revestimento de Stellite-6 e o revestimento de NiCr tiveram melhor desempenho durante a erosão de partículas sólidas. [79]

A força e a resistência ao desgaste das superligas à base de cobalto baseiam-se principalmente nos carbonetos produzidos na matriz de cobalto e na fronteira do grão. Os carbonetos variam em tamanho, forma e distribuição, dependendo das circunstâncias de processamento. A resistência à corrosão é influenciada principalmente pelos processos de fabrico que alteram a microestrutura das ligas Stellite. Aplicando abordagens electroquímicas DC e AC em circunstâncias salinas estáveis, o estudo comparou a propriedade de resistência à corrosão da liga Stellite 6 na sua estrutura integrada como fundida e HIP. Os resultados indicaram que a Stellite 6 cimentada com HIP apresenta um desempenho de corrosão significativamente diferente, e foi possível relacionar o comportamento de corrosão com a microestrutura. [80]

Singh et al. examinaram a erosão através de partículas sólidas e partículas líquidas com variação da densidade de energia do revestimento de Stellite 6 sobre o aço inoxidável 13Cr-4Ni. A resistência do aço inoxidável à erosão por partículas sólidas foi grandemente melhorada pelo revestimento com Stellite 6. Após o revestimento a laser, observa-se uma diminuição da densidade da corrente de corrosão do 13Cr-4Ni, que aumenta ainda mais com o aumento da densidade de energia do laser. [81]

Foi produzida uma liga de Stellite rica em tungsténio para utilização resistente ao desgaste e à erosão e os resultados foram comparados com as ligas Stellite 3 e Stellite 6. Devido ao desenvolvimento de uma proporção significativa de imensos carbonetos ricos em tungsténio na liga, os resultados dos testes demonstraram que a nova liga de Stellite com excesso de tungsténio tem uma resistência notável ao desgaste por deslizamento e à erosão por partículas sólidas do que a Stellite 3 e a Stellite 6.[82]

Duas formas modificadas de Stellite 21 com baixo teor de carbono e elevado teor de molibdénio foram criadas por Liu et al. Foram observadas grandes quantidades de precipitados complexos intermetálicos de Co_3 Mo nessas ligas, em resultado da combinação específica de teores elementares. A presença de precipitados de complexos intermetálicos resultou num aumento da dureza e da resistência ao desgaste, e também não piorou a resistência à corrosão. [83]

O artigo discute o processo de preparação e os resultados da investigação de revestimentos compósitos de matriz metálica de Stellite-6 e carbonetos de tungsténio. Utilizando o laser de disco de onda contínua Yb: YAG com alimentador de pó, foram criados revestimentos MMC de estelita-6/WC. Utilizando uma técnica de difração de raios X, foram detectados carbonetos $M C_{73}$, $M_6 C$, e $M C_{236}$ no revestimento. Verificou-se que o aumento da concentração de WC no revestimento reduz a resistência à corrosão. [84]

Sassatelli utilizou a pulverização HVOF alimentada a gás para depositar uma cobertura de Stellite-6 na superfície de SS 304, ajustando sistematicamente os parâmetros do processo. Foi observado que os revestimentos feitos a partir de misturas ricas em oxigénio tinham maior porosidade e menos inclusões de óxido, e não protegiam o substrato da corrosão. [85]

2.6 Mecanismo de desgaste

Alguns investigadores realizaram diferentes experiências para conhecer os mecanismos dos diferentes tipos de desgaste. Alguns resultados são apresentados de seguida.

No estudo efectuado por Neilson et al., foram relatados os resultados experimentais relativos aos efeitos de erosão de um fluxo de gás carregado de partículas em amostras com qualidades físicas muito variáveis. Os efeitos da forma, velocidade e ângulo de impacto das partículas foram examinados juntamente com os impactos dos factores na deposição de partículas na amostra. Para vários materiais de amostras, estas correlações foram utilizadas para prever a inclinação do erodente. [86] Através de uma variedade de métodos, incluindo riscagem, extrusão, fusão e fissuração, o metal foi removido do alvo pelo impacto da partícula de erodente[87].

A discussão de Hutchings incluiu a erosão do material causada pela cavitação num líquido, o impacto de pequenas partículas sólidas e o impacto de gotas de líquido. Os três tipos de erosão foram discutidos, os termos foram definidos e as várias técnicas de teste de erosão utilizadas em laboratórios foram examinadas[88].

Durante a erosão do aço inoxidável SS 304 por partículas de alumina com arestas vivas, foram efectuadas medições da taxa de erosão e observações por microscopia eletrónica de varrimento. As taxas de erosão foram idênticas em todos os ângulos de impacto entre 10° e 90°, independentemente da dependência da velocidade ou do tamanho das partículas. Foi determinado que, em vez de uma sobreposição de muitos mecanismos para a região de ângulo inferior e ângulo superior, um procedimento de erosão simples poderia ser eficaz em todos os ângulos de impacto em materiais dúcteis, incluindo o aço inoxidável. [89]

Os resultados experimentais foram apresentados por Hutchings et al. juntamente com uma discussão sobre a mecânica da erosão em metais dúcteis expostos ao impacto de partículas sólidas. É utilizado um modelo simples de difusão de calor para determinar a gama de velocidades de impacto e de dimensão das partículas em que a deformação pode ser considerada adiabática. São examinados os potenciais impactos do aumento da temperatura local provocado pelo impacto das partículas. Em todos os casos reais de erosão, a condução de calor tem um papel significativo na redução do aumento máximo da temperatura e a influência cumulativa de muitos impactos no aumento da temperatura é considerada insignificante. Foi determinado que postular o desenvolvimento de uma camada superficial termicamente amolecida era insuficiente para explicar por que razão os processos de reforço metalúrgico não afectavam a resistência à erosão. [90]

O estudo realizado por Jeshvaghani et al. centra-se no reforço da propriedade de resistência ao desgaste "de superfícies de ferro dúctil (DI) combinadas com uma liga hipoeutéctica de Stellite-6". Para o efeito, foi aplicada uma camada de liga superficial de 3 mm de espessura ao ferro dúctil, utilizando o processamento de superfície com gás inerte de tungsténio (TIG). Os resultados demonstraram a caraterística microestrutural da camada revestida que era constituída por carbonetos e dispersos numa matriz de solução sólida de cobalto que tinha uma estrutura dendrítica. Verificou-se que a microestrutura resultou no aumento da dureza e das propriedades de resistência ao desgaste devido ao revestimento. Além disso, o desgaste por delaminação foi a principal causa de desgaste tanto nas amostras revestidas como nas não tratadas. [91]

A microestrutura e o mecanismo de desgaste do Stellite 6 soldado por arco de tungsténio gasoso (GTAW) no aço inoxidável martensítico 17-4PH foram estudados por Gholipour et al. Os resultados demonstraram que a microestrutura da camada superficial era constituída por carbonetos imersos numa solução sólida rica em cobalto e com um padrão dendrítico. De acordo com os resultados dos ensaios de desgaste, a delaminação foi o mecanismo predominante de desgaste. [92] Lolla et al. discutiram o estudo da microestrutura e as falhas de delaminação do revestimento duro de Stellite no aço CrMo. Com base na modelação termodinâmica, foi sugerida uma abordagem básica para prever a incidência dessas falhas[93].

Men, et al. utilizaram o processo de arco transferido por plasma para criar uma cobertura à base de cobalto na superfície do aço para barris e estudaram o comportamento da erosão. A dendrite de solução sólida de cobalto e as estruturas eutécticas intergranulares formadas por solução sólida de cobalto e carboneto foram os principais componentes da microestrutura, sendo a estrutura eutéctica o principal local de erosão do revestimento, caracterizada pelo processo de oxidação, fusão e remoção desta estrutura. [94]

Foi investigado o comportamento ao desgaste e à corrosão do revestimento de Stellite 6® adaptado a substratos de aço de baixo teor de carbono, utilizando o método de soldadura por arco de tungsténio gasoso e o método de pulverização de oxigénio combustível a alta velocidade. A camada produzida por GTAW demonstrou melhores propriedades de desgaste erosivo e de resistência à corrosão do que a HVOF, mas os revestimentos pulverizados por HVOF apresentaram melhores testes de desgaste abrasivo. [95]

Wang et al. examinaram os diferentes comportamentos de desgaste de diferentes superfícies texturadas, tendo em conta as asperezas e as condições de funcionamento. Para superfícies polidas e texturadas com textura microscópica, mesoscópica e macroscópica, foi apresentado e verificado um modelo de prognóstico do coeficiente de atrito. Os resultados mostraram que o aumento das forças normais, das velocidades relativas e das escalas de comprimento conduzem a mais detritos de desgaste e alteram o modo de atrito de atrito adesivo para atrito abrasivo[96].

2.7 Desgaste a temperatura elevada

Alguns investigadores realizaram pesquisas sobre o comportamento do desgaste a uma temperatura mais elevada, que é discutido abaixo.

O impacto da liga de ítrio no comportamento de desgaste da liga industrial de alta resistência Stellite 6 foi investigado a temperaturas mais elevadas. Utilizando um tribómetro pin-on-disc de alta temperatura, o comportamento de desgaste das amostras foi avaliado a temperaturas que vão desde a temperatura ambiente até 650^0 C. Foi demonstrado que o comportamento mecânico da liga e a resistência ao desgaste foram grandemente melhorados pelo ítrio. Utilizando técnicas como a difração de raios X e a nano-indentação, foram examinadas as caraterísticas mecânicas e estruturais da lamela de óxido formada em amostras com e sem ítrio, respetivamente, para uma melhor compreensão do impacto do ítrio no comportamento de desgaste da liga a temperaturas elevadas. Foi demonstrado que a adição de ítrio à liga melhorou significativamente a escala de óxido, o que pode ter melhorado o desempenho da liga a altas temperaturas. [97]

Wood et al. analisaram a forma como o Stellite 6 se desgastou num rolamento a 600 °C durante 2 a 12 horas sem lubrificação. Foram registados seis níveis de desgaste durante o desgaste do Stellite 6. Foram desenvolvidas camadas de óxido resistentes ao desgaste, por vezes conhecidas como "esmaltes". Foram produzidos revestimentos de óxido distintos no interior dos "glazes" à medida que iam sendo criados. Eventualmente, o "esmalte" foi esfolado devido a um mau funcionamento químico[98].

O impacto da temperatura na dureza e nas propriedades de resistência ao desgaste de um conjunto de ligas de Stellite foi investigado por Kapoor et al. O espécime foi aquecido até um máximo de 650°C durante o ensaio de dureza num microdurómetro com um estágio quente. Os efeitos da temperatura nestas relações foram investigados em relação ao constituinte químico, microestrutura, dureza e propriedades de resistência ao desgaste dessas ligas. [99]

As ligas de Stellite ricas em tungsténio foram criadas no estudo realizado por Liu et al. para aplicações resistentes ao desgaste devido às vantagens particulares do tungsténio nas ligas de Stellite. Os resultados dos ensaios de desgaste das ligas foram correlacionados com os das ligas Stellite 3 e Stellite 12, amplamente utilizadas e resistentes ao desgaste. A temperatura podia amolecer as soluções sólidas da liga Stellite, mas tinha muito pouco efeito na dureza do carboneto de Cr C_{73} ou dos carbonetos (W, Co) C/Co W_{642} C. O desenvolvimento de escamas resistentes de óxido de Cr nas superfícies dos provetes pode ser responsável pelo aumento da dureza. [100]

Os revestimentos compósitos Stellite-6/WC foram criados através da combinação de partículas de carboneto de tungsténio revestidas de cobalto com pó de Stellite-6 e depositados em "aço para ferramentas de trabalho a quente AISI H13" através de um processo de revestimento a laser. Observou-se que os revestimentos de estelita-6/WC beneficiavam da utilização de partículas de WC-12Co para aumentar o seu tempo de vida útil. [101]

As propriedades mecânicas, bem como o comportamento tribológico do revestimento de Stellite 6 produzido por pulverização a frio e soldadura PTA, foram comparados num estudo. Os espécimes PTA sofreram uma perda significativa de material, enquanto a liga pulverizada a frio apresentou uma microdureza excecional. A indentação dinâmica e uma avaliação de flexão de quatro pontos desde a temperatura ambiente até 750 °C foram utilizadas para avaliar as propriedades mecânicas. As propriedades mecânicas dos espécimes de PTA foram mais notáveis do que as do espécime pulverizado a frio. [102]

No estudo efectuado por Singh et al., o aço para caldeiras SAE213-T12 foi revestido com WC-12Co, Stellite 6 e Stellite 21 utilizando o método de pulverização Detonation Gun (D-gun) e foram explorados os impactos da temperatura e da microdureza "nos comportamentos de erosão" das sobreposições. Devido ao desenvolvimento de óxidos protectores de crómio e cobalto a 400 °C, o revestimento de Stellite 21 demonstrou uma taxa de erosão comparativamente mais reduzida do que as sobreposições de Stellite 6 e WC-Co. O desgaste por erosão, potenciado pela oxidação, foi visível em todos os revestimentos a uma "temperatura" de 400 °C. [103]

O objetivo da investigação foi estudar e comparar o desenvolvimento da microestrutura, a microdureza, a análise estrutural do exterior desgastado, os processos de desgaste, a presença de diferentes fases e o comportamento à abrasão a temperaturas mais elevadas das superfícies de aço H13 que foram alteradas por fusão a laser e revestimento a laser com Stellite 6 e Stellite 6 com 30 wt% WC. Os ensaios de resistência ao desgaste por abrasão foram efectuados a 450, 550 e 650 graus Celsius. Observou-se que o Stellite 6 com revestimento composto de WC teve um melhor desempenho numa gama de temperaturas mais elevada do que os outros. [104]

2.8 Modelo de erosão

O quadro 2.1 apresenta alguns dos trabalhos importantes efectuados sobre o modelo de erosão.

Tabela 2.1: Literaturas importantes relacionadas com o modelo de erosão.

Sl N	Ano	Nome dos autores
1	1963	*Amargo*
2	1972	*Finnie*
3	1972	*Sheldon et al.*
4	1993	*Stephenson et al.*
5	2005	*Oka et al.*

As conclusões dos investigadores são analisadas em seguida.

Segundo Bitter, a erosão intensa pode ter lugar em sistemas de leito fluidizado, linhas de transporte de sólidos, etc. Foi demonstrado que este tipo de ataque envolve dois tipos diferentes de desgaste, um provocado por deformações repetidas durante as colisões, que conduzem finalmente à libertação de um pedaço de material, e o outro pela ação de corte das partículas em movimento livre.

Na vida real, estes dois tipos de desgaste coexistem. É possível criar fórmulas que representem a erosão em função da massa, da velocidade e do ângulo de impacto das partículas que incidem, bem como das caraterísticas mecânicas e físicas das partículas que incidem e do corpo erodido. Apenas o desgaste provocado por deformações repetidas foi tido em conta na investigação.

Foi descoberta a seguinte equação para representar o desgaste por deformação: a equação $W_D = 12M(Vsin\alpha - K)^2 \varepsilon$ em que W_D representa uma erosão em unidades de perda de volume, em que M e V são a massa total e a velocidade das partículas em contacto, respetivamente, e α é o ângulo de impacto. K é um parâmetro que pode ser derivado de qualidades mecânicas e físicas. ε denota o comportamento plástico-elástico da substância e representa a energia necessária para remover um volume unitário de material da superfície do corpo. Esta equação foi apoiada por resultados de ensaios. [105]

Uma lista das variáveis que podem afetar a erosão do metal dúctil. Foi demonstrado que alguns dos efeitos destas variáveis podem ser previstos utilizando apenas os pressupostos mais básicos e fundamentais. A degradação de metais dúcteis por grânulos abrasivos ásperos que impactaram em ângulos de raspagem pode assim ser prevista quantitativamente. [106]

Ao examinar a influência de partículas individuais relativamente grandes numa superfície de alumínio, foi explorado o processo de erosão por impacto. Foi estabelecido que a ação de remoção do material partilhava as mesmas caraterísticas físicas que a erosão por impacto repetido de superfícies sólidas. Sugeriu-se que o material removido através de uma ação de deslocamento poderia fraturar sob tensão suficiente. A principal conclusão da investigação foi que os expoentes da velocidade e do diâmetro das partículas deveriam ter um expoente de velocidade de 3. Em comparação com as hipóteses anteriores, este resultado está mais de acordo com as provas experimentais. [107]

A metodologia utilizada por Stephenson et al. foi uma simulação de Monte Carlo da erosão e teve em conta as actividades de impacto de cada partícula. Tendo em conta as condições da superfície dos materiais, a envolvente localizada e as caraterísticas das partículas, foi escolhido um modelo adequado para a erosão. Para ilustrar a adaptabilidade desta técnica de modelação do desgaste erosivo, foram apresentados exemplos da aplicação do modelo a uma variedade de materiais e situações de erosão em aplicações de turbinas a gás e de gaseificação de carvão. [108]

Para diferentes materiais que atingem a superfície alvo em diferentes ângulos, foi sugerida por Oka et al. uma equação útil para o cálculo da perda por erosão causada pelo impacto da partícula sólida. Além disso, outros factores como o tamanho, a forma e as caraterísticas das partículas também influenciam os mecanismos de erosão e degradação do material. As caraterísticas mecânicas, como a dureza do material, são exemplos de parâmetros do material. Foi estabelecido que a dureza do material é um fator importante e deve ser tratada como uma variável dependente nas equações preditivas reais, que dependem da velocidade e do ângulo de impacto. [109]

2.9 Diferentes técnicas de otimização utilizadas para a otimização dos parâmetros do processo

O estudo da erosão de materiais em máquinas, peças, matérias-primas, produtos, etc. continua a ser uma grande preocupação para a sociedade. É necessário conceber novas metodologias, tratamentos preventivos da erosão e o desenvolvimento de modelos de previsão adequados, o que constitui um desafio para a comunidade.

As caraterísticas de desgaste dos compósitos de matriz polimérica "foram previstas utilizando uma abordagem de rede neural artificial (RNA)" por Jiang et al. Demonstrou-se que a precisão da previsão era razoável e que, com a expansão da base de dados experimental para o treino da rede, o desempenho da rede poderia ser melhorado. [110]

Suresh et al. utilizaram uma tecnologia de rede neural artificial bem treinada para prever a taxa de erosão do sulfureto de polifenileno reforçado com fibras de vidro curtas e conteúdos de fibra variados[111].

No trabalho efectuado por Natarajan et al., o material de latão C26000 foi submetido a maquinagem de corte a seco num torno CNC e a rugosidade da superfície foi avaliada utilizando um aparelho de teste da rugosidade da superfície. Verificou-se que o valor previsto da rugosidade da superfície era mais exato do que o valor real de R_a . [112]

A abordagem de Taguchi foi utilizada por Singh et al. para ilustrar o comportamento de erosão de duas camadas micronizadas sobrepostas de alta velocidade-oxigénio-combustível (HVOF) (Colmonoy-88 e Stellite-6) no aço do impulsor da bomba (SS-410)". Os resultados foram validados utilizando o método ANOVA. De acordo com as conclusões, a resistência à erosão por lama dos revestimentos Colmonoy-88 foi melhorada devido à existência de carbonetos e boretos de Cr e carbonetos de tungsténio. [113]

Mesmo com uma infraestrutura de computação de alto desempenho, a avaliação das previsões de desgaste com base na dinâmica de fluidos computacional (CFD) é computacionalmente dispendiosa. Tran et al. utilizaram previsões numéricas de desgaste a partir de simulações CFD em estado estacionário como conjuntos de dados de treino e de teste para uma abordagem de aprendizagem automática (ML) denominada Wear-GP, que tinha como objetivo aproximar-se das estimativas de desgaste local 3D. Foi demonstrado que o quadro Wear-GP, com um conjunto de dados de formação relativamente modesto e uma redução do tempo de cálculo da ordem de 10^5 a 10^6 , produziu resultados extremamente precisos que eram comparáveis aos resultados CFD. [114]

Os modelos de Redes Neuronais Artificiais (RNA) foram desenvolvidos por Britto et al. para estabelecer a inter-relação entre os parâmetros do modelo como parte da resistência das ligas AA1100/AA7075 ligadas por difusão sob tensão de cisalhamento e tração. Os resultados das experiências apoiaram os valores ideais para as juntas ligadas por difusão e as suas respostas[115].

Este estudo realizado por Kumar et al. centra-se na previsão da rugosidade da superfície utilizando a técnica de aprendizagem automática K-nearest neighbors (KNN). Utilizando a Stellite-6 como material de fabrico aditivo sob a forma de fio e de pó, foram utilizadas deposições solitárias cruzadas que criam estruturas semelhantes a colunas para criar os dados de rugosidade da superfície para treinar o algoritmo KNN. Descobriu-se que, tanto para o material de fabrico aditivo em fio como em pó, a rugosidade da superfície aumenta com um aumento da velocidade de rotação da cabeça de deposição, mas diminui com um aumento da alimentação eléctrica do microplasma. A rugosidade das superfícies produzidas pelo material de fabrico aditivo em pó é menor do que a produzida pelo material de fabrico aditivo em fio. Com o aumento do número de conjuntos de dados de treino, o erro de previsão pode ser ainda mais reduzido devido à sua dependência do número de conjuntos de dados utilizados para treinar o algoritmo KNN. [116]

O modelo numérico criado para prever o desgaste do veio e da chumaceira para as fases de amaciamento e de desgaste estável sob tensão dinâmica descentrada da massa desequilibrada foi apresentado por Regiset al. Foi utilizado um equipamento de ensaio experimental para autenticar os resultados[117].

Na investigação, são adoptados dois tipos de técnicas de otimização.

- Sistema de Interferência Neuro-Fuzzy Adaptativo (ANFIS)
- Análise tri-vetorial/Técnica de monitorização das condições/ Análise granulométrica

2.9.1 Sistema de Interferência Neuro-Fuzzy Adaptativo

O material sujeito a um mecanismo de desgaste não obedece a quaisquer regras definidas e comporta-se de forma não linear. A modelação matemática da equação não linear é muito difícil de obter uma solução em forma fechada. Este software de aplicação é aumentado para linearizar estes parâmetros experimentais para prever a perda por desgaste erosivo do material. As regras de ajuste continuam a ser difíceis com a aplicação do revestimento nos metais de base com variação de dureza. Estes estudos anteriores sobre a erosão de materiais utilizando RNA seguiram, na sua maioria, uma arquitetura feed-forward sem qualquer retropropagação para atualizar os pesos e minimizar os erros. Além disso, a abordagem de modelação baseada em RNA requer mais tempo de aprendizagem e coloca dificuldades na escolha do número de neurónios da camada oculta para obter previsões precisas. Pelo contrário, o sistema de inferência neuro-fuzzy adaptativo (ANFIS) integra tanto a rede neural artificial como o sistema de inferência fuzzy. O quadro 2.2 apresenta alguns trabalhos importantes efectuados sobre a abordagem ANFIS.

Alguns dos investigadores utilizaram a abordagem ANFIS para a otimização de diferentes parâmetros de processo em diferentes processos mecânicos. No entanto, alguns tipos de literatura sobre as técnicas de otimização ANFIS utilizadas são discutidos a seguir.

Jang et al. desenvolveram um modelo que combinava duas técnicas "como as redes neuronais e a abordagem difusa como base do sinergismo neuro-fuzzy". Os modelos difusos utilizados nas estruturas de redes adaptativas eram conhecidos como sistemas de inferência difusa baseados em redes adaptativas (ANFIS) e apresentavam várias vantagens em relação às redes neurais. [118]

A investigação efectuada por Sayed et al. correlacionou o funcionamento dos dois modelos neuro-fuzzy mais populares, designados por sistemas de inferência fuzzy baseados em redes adaptativas e redes de memória associativa B-spline. Utilizando um estudo de caso de modelação de escolha de modo, foram apresentados os fundamentos hipotéticos de ambos os métodos e avaliados os respectivos benefícios. [119]

Tabela 2.2: Literatura importante relacionada com o ANFIS.

Sl N	Ano	Nome dos autores	Principais caraterísticas / Evoluções
1	1995	*Jang et al.*	O ANFIS apresentou melhores resultados do que a ANN.
2	2003	*Sayed et al.*	A comparação dos sistemas de inferência fuzzy e das redes de memória associativa B-spline foi efectuada tendo em conta o desempenho do modelo, a superação da maldição da dimensionalidade, a eliminação automática de entradas

			irrelevantes e a transparência do modelo.
3	2004	*Nayak et al.*	A aplicação do modelo ANFIS proporcionou melhores resultados do que a ANN em termos de velocidade de cálculo, erros de previsão, eficiência, estimativa do caudal máximo, etc.
4	2007	*Bateni et al.*	O modelo MLP/BP previu a profundidade de erosão com maior exatidão do que os modelos RBF/OLS e ANFIS, bem como os métodos ANN.
5	2009	*Çaydaş et al.*	Os resultados previstos pelo modelo ANFIS foram superiores aos resultados experimentais.
6	2013	*Babajanzade et al.*	Observaram que tanto os modelos ANFIS como o algoritmo de recozimento simulado eram adequados para a modelação e otimização do processo.
7	2015	*Abdulshahed et al.*	Os modelos de previsão ANFIS foram utilizados para a compensação do erro térmico em máquinas-ferramentas CNC
8	2015	*Shamshirband et al.*	O modelo ANFIS foi utilizado para prever a taxa de erosão máxima e global com um elevado grau de precisão.
9	2016	*Shamsipour et al.*	A otimização por enxame de partículas (PSO) e o sistema de inferência neuro-fuzzy adaptativo (ANFIS) foram utilizados para

			otimizar os parâmetros de processo do EMS.
10	2019	*Chen et al.*	A abordagem de otimização ANFIS foi utilizada para o mapeamento do potencial de água subterrânea.
11	2019	*Le Chau et al.*	Foi utilizada uma técnica de otimização ANFIS com uma abordagem baseada no ensino-aprendizagem para a otimização dos parâmetros de conceção do torneamento CNC do S45C.
12	2020	*Bhiradi et al.*	O modelo ANFIS com análise de componentes principais (PCA) foi utilizado para otimizar os parâmetros do processo de micro-EDM.
13	2021	*Oke et al.*	Foi utilizado um modelo híbrido de algoritmo genético (GA)-ANFIS-Box-Behnken (BB), conduzindo a investigação de Oke et al.
14	2021	*Said et al.*	Foi utilizado um sistema de inferência fuzzy baseado numa rede adaptativa para otimizar os parâmetros termofísicos dos nanofluidos de nanodiamante à base de água.
15	2022	*Singh et al.*	A técnica de inferência neuro-fuzzy adaptativa cinzenta foi utilizada para otimizar os parâmetros do processo EDM.

Para estimar o caudal do rio Baitarani de Orissa, um estado da Índia, a investigação levada a cabo por Nayak et al. utilizou uma técnica de otimização como o "sistema de inferência neuro-fuzzy adaptativo (ANFIS)" para o modelo de sequência temporal hidrológica. Os resultados demonstraram que a série de caudais prevista pelo ANFIS mantém as caraterísticas numéricas da série de caudais primitiva. O modelo teve um bom desempenho de acordo com vários critérios estatísticos. [120]

Métodos analíticos, como as redes neuronais artificiais (RNA) e o sistema de inferência neuro-fuzzy adaptativo (ANFIS), foram propostos para avaliar o equilíbrio e a profundidade de erosão dependente do tempo, utilizando uma vasta gama de fontes de dados fiáveis. O método dos mínimos quadrados ortogonais (RBF/OLS) e o algoritmo de retropropagação (MLP/BP) foram utilizados para analisar a base radial e a perceção, respetivamente. Por fim, o estudo de sensibilidade revelou que a influência do diâmetro do molhe na profundidade de escoamento de equilíbrio era maior do que a dos outros componentes independentes. [121]

Um modelo de "sistema de inferência neuro-fuzzy adaptativo (ANFIS)" foi criado para a previsão da rugosidade média da superfície e da espessura da camada branca (WLT) em função dos parâmetros do processo por Çaydaş et al. Para validar o método, as previsões do modelo e os resultados das experiências foram comparados. [122]

Babajanzade et al. utilizaram "sistemas de inferência neuro-fuzzy adaptativos (ANFIS)" para criar uma correlação entre os componentes do procedimento e a reação principal das placas de alumínio 7075 soldadas por fricção para encontrar as propriedades mecânicas desejadas. Depois, utilizando a abordagem de recozimento simulado, os modelos produzidos foram utilizados como uma função objetiva para escolher os melhores parâmetros que permitiriam que o procedimento atingisse as qualidades mecânicas desejadas. [123]

A precisão das máquinas-ferramentas CNC pode ser muito afetada por problemas térmicos. Abdulshahed et al. utilizaram uma técnica de otimização do sistema de inferência neuro-fuzzy adaptativo (ANFIS) e dividiram-na em dois submodelos, como o modelo ANFIS-Grid e o método de agrupamento ANFIS-Fuzzy c-means para a compensação do erro térmico. Os resultados do estudo demonstraram que o modelo ANFIS-FCM, que beneficiava do facto de ter menos regras, era mais preciso e preditivo do que os outros modelos. [124]

Para prever com precisão o desempenho da erosão de partículas de tamanho micro e nano num cotovelo 3-D de 90°, foi utilizada uma técnica de computação suave. Com a ajuda de um sistema de inferência neuro-fuzzy adaptativo (ANFIS), foi criado um processo para simular a taxa de erosão total e máxima. Os resultados do CFD demonstraram que a abordagem ANFIS pode ser utilizada para aumentar a precisão da previsão e a capacidade de generalização. [125]

O estudo efectuado por Shamsipour et al. ilustrou a eficácia de um algoritmo híbrido para a compotagem por agitador eletromagnético de ligas de Al-Si reforçadas com nano-TiC. "A otimização por enxame de partículas (PSO) e o sistema de inferência neuro-fuzzy adaptativo (ANFIS) foram utilizados para otimizar os parâmetros de processo do EMS. [126] Um dos recursos naturais mais úteis do planeta é a água subterrânea. O objetivo da investigação era mapear o potencial das águas subterrâneas utilizando o "sistema de inferência neuro-fuzzy adaptativo (ANFIS)". Os resultados do estudo podem ajudar a gerir as águas subterrâneas. [127]

Le Chau et al. realizaram uma investigação para a otimização dos parâmetros do torneamento CNC. Os resultados obtidos pelo ANFIS baseado no TLBO demonstraram uma diminuição relativa da rugosidade das superfícies. [128]

Foi utilizado um sistema de inferência neuro-fuzzy adaptativo para a modelação, inspeção e otimização de variáveis de processo como a tensão (V), a capacitância (C) e o tempo de impulso para criar microfuros numa placa de prata de 350 m de espessura utilizando uma ferramenta de prata de 450 m de diâmetro. [129]

Para prever a epoxidação do óleo de semente de Hevea brasiliensis (HBSOE), a pesquisa conduzida por Oke et al. teve como objetivo construir um modelo híbrido único de algoritmo genético (GA)-ANFIS-Box-Behnken (BB). [130]

Said et al. utilizaram um sistema de inferência fuzzy baseado numa rede adaptativa para otimizar os parâmetros termofísicos de nanofluidos de nanodiamante à base de água que foram encontrados através da experimentação. O optimizador para o procedimento multi-objetivo confirmou que os melhores resultados para as caraterísticas termofísicas poderiam ser alcançados a uma temperatura de 59,48 °C sem a adição de qualquer nanomaterial. [131]

No estudo, o carboneto de tungsténio foi utilizado como material abrasivo na maquinagem por descarga eléctrica e os autores optimizaram as múltiplas propriedades de funcionamento utilizando o procedimento combinado da técnica de inferência neuro-fuzzy adaptativa cinzenta. Os resultados do estudo indicaram que o tempo de impulso e o abrasivo tiveram o maior impacto na taxa de remoção de material e na deterioração da ferramenta[132].

2.9.2 Análise tri-vetorial/técnica de monitorização das condições/análise granulométrica

Tal como o ANFIS, a análise tri-vetorial é também um tipo de técnica de otimização utilizada para otimizar os parâmetros do processo e obter o melhor resultado. Trata-se de uma técnica de monitorização de condições e também de uma técnica fiável. A Tabela 2.3 apresenta alguns trabalhos importantes realizados sobre a abordagem da análise tri-vetorial.

Quadro 2.3: Literaturas importantes relacionadas com a análise tri-vetorial

Sl N	Ano	Nome dos autores	Principais caraterísticas / Evoluções
1	1999	*Mishra et al.*	Foram utilizadas técnicas de análise estatística para obter a média, a mediana e a moda da concentração de partículas, a área e a distribuição volumétrica das partículas de desgaste com software de aplicação.
2	2016	*Behera et al.*	O relatório de Behera et al. demonstrou a adoção efectiva de numerosas tecnologias de manutenção preditiva em activos-chave da fábrica.
3	2017	*Bandyopadhyay et al.*	A técnica de identificação da monitorização do estado foi utilizada na investigação conduzida por *Bandyopadhyay et al.*

Foram efectuados alguns trabalhos utilizando esta técnica. Alguns deles são apresentados de seguida.

A monitorização da condição através da análise de contaminantes para óleos hidráulicos foi efectuada utilizando vários instrumentos de medição fora de linha. Foram utilizadas técnicas analíticas para fornecer, de forma rápida e precisa, as caraterísticas de desgaste prevalecentes nos componentes humedecidos com óleo dos carros de carga na bateria de fornos de coque número 10 da siderurgia de Bhilai. Foram utilizadas técnicas de análise estatística para obter a média, a mediana e a moda da concentração de partículas, a área e a distribuição volumétrica das partículas de desgaste com software de aplicação. O nível de contaminação dos óleos foi monitorizado de forma contínua e foi estabelecido um limite de falha através da análise de tendências deste equipamento de produção crítico para melhorar a sua disponibilidade. [133]

As organizações que pretendem obter elevados retornos financeiros devem concentrar-se na maximização dos lucros e do fluxo de caixa e certificar-se de que os métodos relacionados são tão eficazes quanto possível. Um dos maiores problemas que afectam o orçamento de uma fábrica são as despesas de manutenção. A utilização bem sucedida da manutenção preditiva tem-se revelado eficiente e vantajosa para alcançar a fiabilidade do processo/sistema. A manutenção preditiva pode melhorar significativamente o resultado final, reduzindo o tempo de inatividade não programado da máquina/processo, optimizando as variáveis do processo e aumentando a produtividade e a fiabilidade. O relatório de Behera et al. demonstrou a adoção efectiva de numerosas tecnologias de manutenção preditiva em activos-chave das instalações[134].

As moléculas do óleo lubrificante fornecem pormenores precisos e significativos sobre o estado da máquina. A forma, a composição, a distribuição do tamanho e a concentração das partículas podem ser utilizadas para inferir informações. Foram realizadas operações analíticas e experimentais para determinar o impacto negativo das impurezas existentes nos lubrificantes nas operações de maquinagem numa fábrica de aço. A investigação incluiu a identificação de traços típicos que surgiram no componente húmido de óleo contaminado. A presença de impurezas no sistema centralizado, a disposição estrutural das partículas de desgaste e a modificação da química do lubrificante foram optimizadas. As técnicas experimentais envolveram a medição da quantidade total de partículas ferromagnéticas utilizando demografia analítica e leitura direta, a medição do tamanho da partícula utilizando um contador de partículas por difração a laser e a determinação do número de partículas nocivas no lubrificante utilizando um aparelho Oil View Analyzer e uma unidade de plasma de par indutivo. [135]

Capítulo 3

CONFIGURAÇÃO EXPERIMENTAL E

METODOLOGIA

3.1 Visão geral

Os pormenores das experiências que foram realizadas para o presente estudo são abordados neste capítulo. A preparação do material do substrato necessita de passar por alguns procedimentos fundamentais, tais como o jato de areia e a limpeza da superfície, antes de se iniciar o processo de revestimento. Os materiais revestidos foram submetidos a vários testes de caraterização após a pulverização por plasma, incluindo a avaliação microestrutural das superfícies e da interface substrato-revestimento, e análises de difração de raios X. As caracterizações físicas e químicas, como a rugosidade da superfície, a densidade da porosidade e a microdureza, foram determinadas para o produto revestido. O comportamento funcional do revestimento foi subsequentemente conduzido para a determinação da caraterização da corrosão e do desgaste erosivo

3.2 MATERIAIS E PORMENORES EXPERIMENTAIS

3.2.1 Material do substrato

As chapas laminadas de aço inoxidável AISI 304 de grau austenítico foram adquiridas numa base de cortesia diretamente à M/S Jindal Stainless, Limited, Jajpur, Odisha, Índia, um líder mundial no fabrico de aços inoxidáveis. Este tipo de aço é amplamente utilizado na indústria para aplicações estruturais. As amostras de ensaio laminadas a partir de uma placa de aço inoxidável de 3 mm com dimensões de 100 mm × 60 mm foram identificadas como o material de substrato para o revestimento e a realização de todas as experiências. A composição química do material de substrato em percentagem de peso é apresentada na Tabela 3.1.

3.2.2 Pó de revestimento

O pó de Stellite 6 à base de cobalto foi adquirido à M/S.Metallizing Equipment Co. Pvt. Ltd., Jodhpur, Índia, para ser utilizado como material de revestimento em substratos de aço inoxidável AISI 304. A distribuição do tamanho das partículas do pó foi medida com um analisador de tamanho de partículas, adoptando uma técnica de difração laser. Observou-se que a distribuição nominal do tamanho das partículas do pó variava entre 15 μm e 45μm. A composição química do pó de Stellite 6 fornecido foi determinada utilizando um espetrómetro de emissão ótica (OES) e os resultados são apresentados na Tabela 3.1. O pó de Stellite 6 é utilizado como matéria-prima para o revestimento do substrato de aço inoxidável utilizando o processo de deposição por pulverização de plasma atmosférico.

Tabela. 3.1: Composição química do aço inoxidável AISI 304 e do pó de Stellite 6

AISI 304		Stellite 6	
Elemento	**% em peso**	**Elemento**	**% em peso**
Cr	18.736	Co	57.822
Ni	8.288	Cr	32.273
Si	0.366	W	4.7909
Mn	1.440	Ni	2.4611
C	0.023	Fe	1.1275
S	0.006	Mo	0.2956
P	0.029	C	0.98
Fe	Equilíbrio	Si	0.95
		Mn	0.2281
		Nb	0.005

3.2.3 Processo de deposição por pulverização de plasma

3.2.3.1 Pré-requisitos do processo de deposição por pulverização catódica

A rugosidade da superfície do substrato

Uma superfície rugosa favorece uma melhor aderência do revestimento. Além disso, oferece espaço suficiente para que as salpicos se fixem ao substrato, permitindo o encravamento e a ligação mecânica. A chapa de aço inoxidável AISI 304 disponível no mercado, obtida nos trens de laminagem, tem um acabamento superficial de 1 μm ou 3 μm. Este acabamento superficial não é suficiente para a aderência do revestimento ao substrato. Assim, é adotado o procedimento de granalhagem para melhorar a rugosidade da superfície. A técnica de granalhagem resulta normalmente numa superfície rugosa com pouco esforço. Os parâmetros da granalhagem, tais como a morfologia da granalha, os tipos de granalha e o material do substrato, a pressão do ar, a distância entre o bocal e a peça, o ângulo de impacto, etc., afectam a rugosidade obtida.

Limpeza da superfície

Antes de iniciar o processo de revestimento, procedeu-se à preparação da superfície do material do substrato para melhorar a resistência da ligação entre o substrato e o material de revestimento. O pó de revestimento a depositar na superfície deve estar isento de quaisquer detritos, gordura ou outras substâncias, de modo a que não possa ocorrer qualquer reação química com o material do substrato. Antes da pulverização, o substrato deve ser devidamente limpo com etanol e um aparelho de limpeza por ultra-sons. O jato de areia e a preparação da superfície são seguidos da pulverização. Em contrapartida, as camadas de óxido tendem a expandir-se rapidamente porque a humidade também pode ter um impacto na superfície das superfícies recém-formadas.

No presente estudo, a granalhagem de alumina com um tamanho de grão de 400 μm no substrato de aço inoxidável AISI 304 é efectuada para melhorar a rugosidade da superfície na gama de 4-5 μm, o que melhora o encravamento mecânico entre o substrato e o revestimento antes de depositar o material revestido através da técnica de pulverização por plasma.

Camada intermédia / revestimento de ligação

Após a granalhagem e a limpeza, o pó de Stellite 6 é depositado diretamente na superfície do aço AISI SS 304, sem qualquer camada intermitente, através do processo de pulverização por plasma atmosférico.

Água de arrefecimento / Líquido de arrefecimento:

A água destilada deve ser utilizada para efeitos de arrefecimento, se necessário. O funcionamento normal implica a recirculação de uma pequena quantidade de água destilada na direção da pistola, que é arrefecida através de uma fonte de água exterior contra um tanque de grandes dimensões. Por vezes, a água é injetada diretamente na pistola a partir de um reservatório exterior para controlar a temperatura durante a deposição.

3.2.3.2 Parâmetros do processo de deposição por pulverização de plasma

Para a deposição das partículas de revestimento, foi utilizada uma tocha de pulverização de plasma PS-50 (Make M/S Metallisation, Reino Unido), do tipo não transferido, com um bocal de 8 mm de diâmetro e uma capacidade máxima de 80 kW. A configuração do ensaio experimental do processo de deposição por pulverização de plasma é mostrada na Figura 3.1(a) e a tocha de pulverização de plasma é mostrada na Figura 3.1(b).

Figura 3.1(a): A configuração do ensaio experimental do processo de deposição por pulverização de plasma

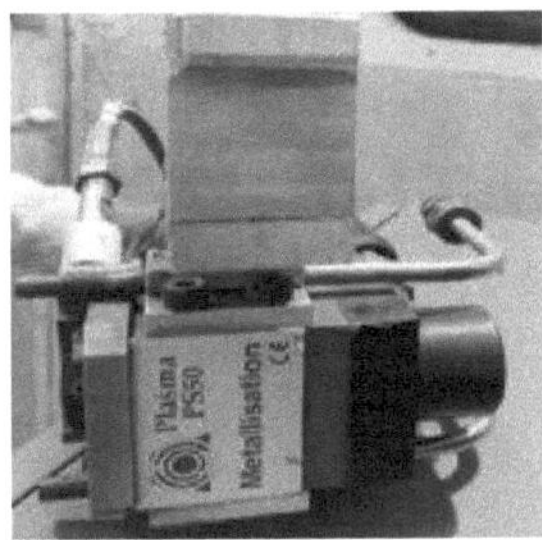

Figura 3.1(b): A tocha de pulverização de plasma

Os diferentes parâmetros do processo, como a potência do arco, o gás de arrastamento, o gás de plasma, o caudal de massa do pó, a distância entre a pistola de plasma e o substrato, o ângulo de pulverização, o arrefecimento do material de base durante o processo, o ângulo de impacto do pó de revestimento, as variáveis do pó de revestimento, etc., desempenham um papel importante durante o processo de deposição.

Potência do arco

Refere-se à potência desenvolvida através de um arco elétrico iniciado por uma descarga de alta frequência entre os espaços anulares entre dois eléctrodos. O canal de plasma é aquecido em resultado da potência aplicada ao gás de plasma. Alguma energia desaparece devido à radiação e ao líquido de arrefecimento que é utilizado para manter a temperatura desejada da tocha. A taxa de fluxo de massa de um determinado pó que pode ser fundido com sucesso pelo arco é determinada como potência do arco.

Gás de plasma

No plasma em geral, o gás é composto por uma mistura de azoto ou árgon, dopado com cerca de 10% de hidrogénio ou hélio. O gás primário é o componente principal da mistura gasosa, enquanto o gás secundário é o constituinte mais pequeno. As moléculas ou átomos durante o gás de plasma interagem com electrões energéticos, levando à ionização e provocando um aumento da temperatura e da entalpia do fluxo de gás. Os gases nitrogénio e hidrogénio são moléculas diatómicas, pelo que inicialmente passam por uma dissociação acompanhada de ionização, exigindo mais energia para atingir a forma de plasma, o que resulta num aumento da entalpia. Mas no limite habitual da entalpia, os gases mono-atómicos como o árgon ou o hélio atingem temperaturas substancialmente mais elevadas com capacidade de aquecimento. O hidrogénio e o hélio têm um excelente calor específico. Além disso, quando misturados com árgon, a zona de pulverização estreita-se consideravelmente, o que os torna ideais para a pulverização no substrato.

Gás de transporte

O gás primário é geralmente utilizado como gás de arrastamento. Para todos os materiais em pó, deve existir um caudal ideal em que a proporção de pó não fundido seja a mais baixa e a eficiência de deposição seja a mais elevada. Caudais muito altos e baixos não são adequados para a deposição correta de pó no substrato.

Taxa de fluxo de massa

A velocidade ou taxa a que o pó de revestimento é depositado na superfície do substrato é conhecida como caudal mássico. É necessário manter a taxa de fluxo de massa adequada para cada pó. Tanto um caudal mássico elevado como um caudal mássico baixo conduzem a uma deposição deficiente do pó no substrato.

Distância entre a pistola de plasma e o substrato

A distância entre os bicos da pistola de plasma e a superfície do alvo é conhecida como distância de separação. Dependendo dos diferentes pós de revestimento e dos diferentes materiais de base, é mantida uma distância diferente para o revestimento. Uma distância de afastamento óptima dá origem a menos partículas não fundidas, porosidade, etc. durante a deposição e conduz a um revestimento eficiente num substrato de aço inoxidável.

Arrefecimento do material de base durante o processo de deposição

A pulverização contínua pode provocar o aquecimento do substrato e desenvolver um aumento da tensão térmica, causando deformação na superfície revestida durante a deposição da película espessa. A temperatura da superfície do material de base é mantida por um sistema externo de fornecimento de ar. A porosidade é reduzida e as partículas não fundidas são removidas da superfície revestida pelo sistema de ar de arrefecimento. [46]

O ângulo de impacto para o pó de revestimento

O ângulo em que os pós de revestimento podem ser impingidos no jato de plasma é conhecido como o ângulo de impingimento do pó de revestimento. Descobriu-se que o ângulo de impacto afecta a força de adesão do pó de revestimento à superfície do substrato. Para um caudal de gás de transporte específico, a duração da retenção do jato de plasma para os pós varia com o ângulo de impacto. [46]

Variáveis do pó de revestimento

A forma, o tamanho, a cor, a textura, os pormenores do processo de fabrico, a distribuição do tamanho das partículas, a fase, etc. são variáveis importantes do pó de revestimento. Para diferentes processos de deposição, a seleção da forma, tamanho e textura do pó deve ser feita de modo a que possa passar facilmente através da tocha de plasma para deposição. Tanto o pó de forma regular como o de forma angular proporcionam uma deposição suave, mas os parâmetros do processo variam. O tamanho do pó deve estar dentro do intervalo especificado para o processo de deposição. As partículas de grandes dimensões não podem ser fundidas corretamente e não podem ser depositadas no material de base. As partículas de pequenas dimensões são fundidas facilmente e podem ser evaporadas devido às temperaturas de funcionamento muito elevadas.

Na presente investigação, o pó de Stellite 6 como matéria-prima é injetado no jato de plasma produzido com gases árgon e hidrogénio. O gás portador Árgon transporta o pó da unidade de alimentação de pó para a pluma de plasma, que também inibe a oxidação através da proteção da atmosfera. Após a granalhagem, o revestimento por plasma foi efectuado diretamente. Os parâmetros do processo de pulverização por plasma estão indicados na Tabela 3.2. Os parâmetros utilizados no processo de pulverização são mantidos constantes durante a experiência. Durante a preparação da amostra de ensaio, não é efectuado qualquer pré-aquecimento. O revestimento do substrato é efectuado utilizando um robô com software de aplicação. O revestimento é efectuado depositando o pó camada a camada no substrato de aço por deposição longitudinal e transversal, adoptando a técnica de tecelagem, alternadamente, como se mostra na Figura 3.2. A taxa de alimentação de pó foi mantida a 8 gm/min. O substrato permanece sempre estacionário e a tocha move-se a uma velocidade de 2 m/s. Durante todo o processo de deposição, foi assegurado que a temperatura do substrato nunca ultrapassasse 120^0 C. O número total de passagens da tocha aumentou gradualmente e, consequentemente, o tempo total de deposição também aumentou, produzindo um aumento da espessura da amostra revestida.

Figura 3.2: Metodologia de deposição, (a) Amostra 1, (b) Amostra 2, (c) Amostra 3

Tabela 3.2: Parâmetro do processo de pulverização por plasma para pulverizar pó de Stellite 6

Parâmetros	Valor
Corrente(A)	500

Tensão (V)	43.1
Potência (kW)	21.4
Caudal de gás primário (Ar) (l/min)	40
Caudal de gás secundário (H_2) (l/min)	0.2
Caudal de gás portador (Ar) (l/min)	5
Placa de alimentação primária (RPM)	4
Distância entre o bico e o substrato (mm)	110
Detalhes do pré-aquecimento	Sem pré-aquecimento

3.3 Caracterização do pó de Stellite 6

O pó de revestimento foi analisado para a análise de fase realizada através de difração de raios X. A forma, o tamanho e a morfologia do pó foram analisados através de um microscópio eletrónico de varrimento (SEM). A forma e o tamanho das partículas foram obtidos utilizando um software de aplicação (image J) a partir da imagem SEM. O tamanho das partículas presentes no pó foi determinado num analisador de tamanho de partículas utilizando o princípio de difração a laser com uma capacidade de leitura de 0,5 microns. Esta análise foi efectuada para obter a distribuição da gama de partículas para facilitar a deposição suave por maçarico de plasma no substrato.

3.4 Caracterização do revestimento

3.4.1 Medição da eficiência da deposição do revestimento

A eficiência da deposição é definida como o rácio entre o peso da matéria-prima utilizada no processo e o ganho de peso do substrato. Isto pode ser medido utilizando uma técnica de pesagem muito utilizada. Antes e depois da deposição do revestimento, cada amostra é pesada. Calcula-se a partir do facto de o pó total ser direcionado para o substrato relativamente ao ganho de massa do substrato. Uma melhoria na eficiência de deposição dentro de um determinado intervalo resulta no aumento da potência do arco. A eficiência de deposição do processo foi de 45%, sendo utilizada uma balança digital de alta precisão com capacidade de leitura de 10 microgramas para pesar as amostras.

3.4.2 Estudos de difração de raios X

As diferentes fases metálicas presentes no pó e nos revestimentos foram investigadas utilizando um difratómetro de raios X com CuKα (λ = 1,5406 Å) 40 mA, adoptando o cartão da base de dados JCPDS. A gama de ângulos de varrimento variou de 10° a 80°, com uma largura de passo de 0,02 e um tempo de 5s por passo.

3.4.3 Estudos de Microscopia Eletrónica de Varrimento

As amostras foram cortadas com um cortador de disco de diamante e montadas a frio em resina utilizando uma prensa de montagem a quente da METCO Pvt. Ltd. Índia, para a inspeção da secção transversal do revestimento. As amostras montadas foram primeiro submetidas a um desbaste e depois polidas com papel de esmeril com diferentes granulometrias de SiC numa máquina de polir discos, mantendo a velocidade de 220 RPM. As amostras obtiveram então a forma final de polimento espelhado utilizando uma pasta de diamante de 0,5 a 1,5 microns. Em seguida, as amostras foram limpas com água destilada, polidas com pano e secas adequadamente para revelar a microestrutura utilizando microscopia ótica e SEM.

A morfologia da superfície do pó e do revestimento foi analisada utilizando um microscópio eletrónico de varrimento (EVO MA 10, CARL ZEISS, Alemanha), equipado com espetroscopia de raios X por dispersão de energia (EDS) para análise elementar em diferentes fases.

3.4.4 Medição da espessura do revestimento

O microscópio ótico é focado nas partes acabadas das amostras para medir a espessura dos revestimentos de Stellite-6 em substratos de aço inoxidável SS 304. A espessura do revestimento é medida em três locais diferentes da superfície revestida. O valor médio das três leituras é apresentado como a espessura média do revestimento para cada amostra.

3.4.5 Estimativa da resistência de aderência do revestimento ao substrato

A resistência de aderência da amostra de 100 mm × 60 mm foi efectuada com um aparelho de ensaio de aderência automático stud pull (S/N AT12983, Defelsko positest AT-A, EUA) e é apresentada na Figura 3.3. O perno de alumínio com 10 mm de diâmetro foi montado na superfície da amostra revestida, utilizando uma pasta epoxídica (HTK ultra-bond 100) após uma limpeza adequada da superfície com esmeril e acetona. O sistema montado é então colocado num forno a 150^0 C durante 80 minutos para a cura da pasta epoxídica. O valor da carga que se correlaciona com a força adesiva do revestimento é anotado no momento exato em que o revestimento é retirado da amostra. Foram produzidos dois espécimes de cada amostra para testar a força de adesão e o valor médio com desvio padrão é considerado.

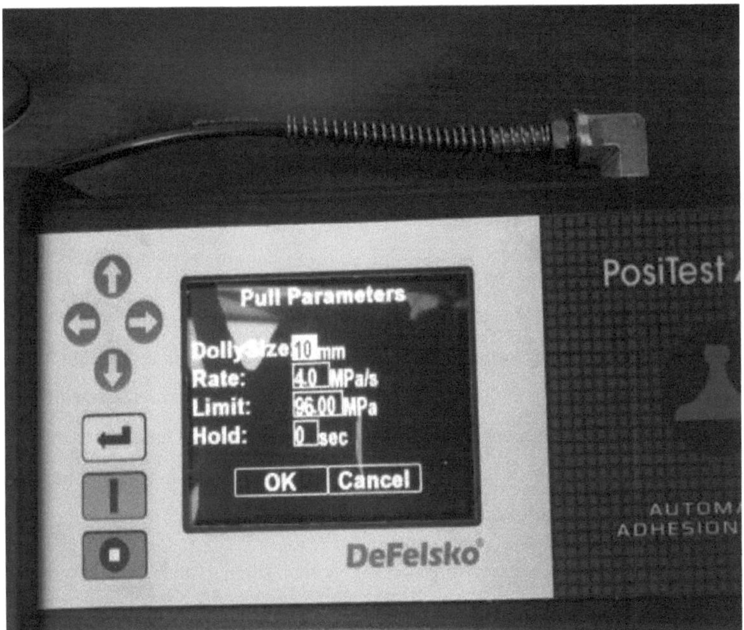

Figura 3.3: Ensaio de aderência com Defelsko positest

3.4.6 Determinação da densidade, porosidade e rugosidade da superfície

A densidade do revestimento foi determinada retirando uma pequena porção da superfície do substrato e utilizando o princípio de Arquimedes para conhecer a homogeneidade da deposição. [26]

Densidade do revestimento = $(d_w \times M_a) / (M_a - M)_w$

(3.1)

em que d_w é a densidade da água, M_a é o peso da amostra revestida no ar (gm), M_w é o peso da amostra revestida na água (gm). O material com uma densidade de revestimento mais elevada indica um revestimento superior e homogéneo que justifica um requisito de carga superior para a sua delaminação e remoção, conduzindo à falha.

A porosidade das amostras revestidas foi calculada com o software Image J, de domínio público e gratuito. [45]

As secções transversais do revestimento polido foram examinadas num microscópio (Marca-Carl Zeiss, Modelo-Axiovert 40 MAT) equipado com uma câmara CCD (Metco) para obter uma imagem digital do objeto e determinar a porosidade dos revestimentos. [47] Um programa de análise de imagem é instalado num computador que recebe a imagem digitalizada. O software permite medir com precisão toda a região que a objetiva do microscópio capta ou uma parte dela. Como resultado, a porosidade da superfície sob investigação é estabelecida medindo individualmente tanto a secção inteira como a porção delimitada pelos poros.

A rugosidade da superfície é realizada para conhecer a rugosidade da superfície do revestimento e foi efectuada por um aparelho de teste de superfícies portátil Taylor Hobson [Surtronic S128]. É do tipo filtro Gaussiano com uma gama de medição de 400μm, com um comprimento transversal de 0,25-25 mm e uma velocidade de medição de 1 mm/s.

3.4.7 Medição da microdureza

As amostras com revestimentos são cortadas em pequenas amostras. As amostras com secções transversais de um revestimento são colocadas e polidas para avaliar a microdureza. A medição da microdureza do revestimento foi testada utilizando um aparelho de microdureza Vickers (VH3300, BUEHLER, EUA) e apresentada na Figura 3.4. Foi mantida uma carga de 300g ao longo das experiências durante 10s. Foi considerado um valor médio de cinco indentações na interface da secção transversal do revestimento.

Figura 3.4: Ensaio de microdureza com o aparelho de microdureza

Vickers

3.5 Teste de resistência à corrosão

Os ensaios de corrosão eletroquímica potenciodinâmica nos espécimes com várias espessuras de revestimento foram realizados em solução de cloreto de sódio (NaCl) a 3,5% em peso, utilizando o sistema de medição potenciostático Autolab PGSTAT302N. O comportamento funcional do revestimento, como a corrosão, foi efectuado de acordo com a norma ASTM: G 59 -97 (2003). Trata-se de um dos métodos de ensaio de corrosão mais comuns, utilizado para determinar as caraterísticas de resistência à corrosão de diferentes tipos de metais. O sistema eletroquímico de três eléctrodos utilizado para realizar o ensaio de corrosão é apresentado na Figura 3.5. Um elétrodo de calomelano saturado de prata e cloreto de prata (SCE) foi utilizado como elétrodo de referência e o elétrodo auxiliar era constituído por platina. A amostra de ensaio de 10 mm quadrados foi imersa na solução de ensaio durante 30 minutos antes do início dos ensaios de corrosão. A gama de potencial foi definida entre -1 mV e 1 mV com uma velocidade de varrimento de 0,5 mV/s. As leituras obtidas nas experiências foram registadas e posteriormente examinadas com o software de aplicação NOVA 2.1.3 para a interpretação dos resultados dos ensaios.

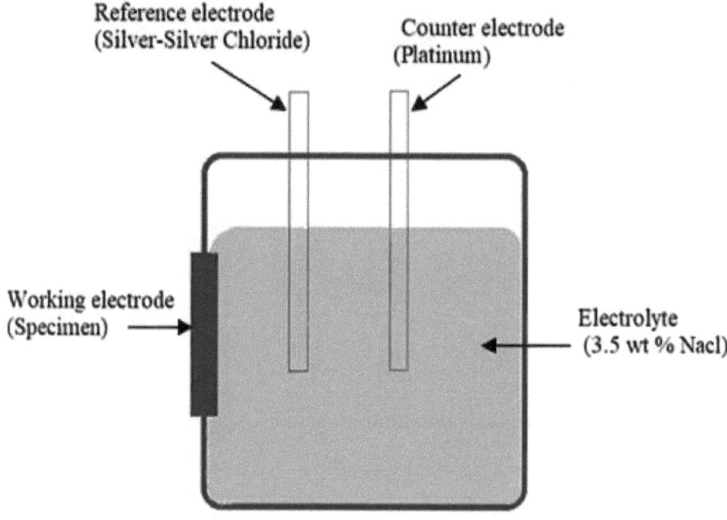

Figura 3.5: Sistemas de corrosão eletroquímica de três eléctrodos

3.6 Comportamento dos revestimentos em termos de resistência à erosão

As amostras acima revestidas, com dimensões de 100 mm × 60 mm × 3 mm, foram ainda cortadas em 25 × 25 × 3 mm para os ensaios de erosão. Os ensaios de erosão foram realizados de acordo com a especificação ASTM: G76-13 num triboteste de erosão por jato de ar, como se mostra na figura 3.6. A distância entre a ponta do bico e as amostras revestidas foi fixada em 10 mm e a duração do ensaio foi limitada a 10 minutos para uma perda efectiva de massa das amostras revestidas. O tribotester é constituído por um compressor de ar, um recipiente com partículas de alumina como erodente, uma câmara de mistura onde o erodente se mistura com o ar e uma câmara de aceleração. O ar comprimido é o transportador do erodente para atingir a amostra para erosão no produto revestido. A partir da câmara de mistura, a mistura de ar e alumina foi alimentada a uma taxa constante a partir de um alimentador do tipo correia transportadora e depois acelerada em direção a um bocal convergente de carboneto de tungsténio. Esta mistura, a partir do bocal, atingiu o espécime alvo em vários ângulos, utilizando um suporte de espécime ajustável. Este processo de erosão é representado esquematicamente na Figura 3.7. Ao variar a pressão do ar comprimido, a velocidade de impacto varia. Nesta experiência, foi mantido um ângulo de impacto de 90^0 para um impacto direto do erodente. A alumina regular (Al O$_{23}$) foi identificada como erodente com um diâmetro médio de 50 µm e impacto a uma velocidade de 100 m/s.

O comportamento de resistência à erosão de todos os espécimes revestidos é realizado à temperatura ambiente, 300^0 C e 600^0 C, respetivamente, para estudar o comportamento a diferentes temperaturas. Todos os dados acima referidos estão reflectidos na Tabela 3.3. O peso inicial e final dos espécimes foi tomado para avaliar a perda de massa devido à erosão. Os espécimes de cada espessura de revestimento foram testados com parâmetros de teste idênticos (diâmetro erodente da partícula, velocidade de impacto, densidade do material e dureza). Três espécimes de cada espessura de revestimento foram testados quanto à erosão e o valor médio dos três resultados da perda de volume por erosão foi considerado o valor experimental.

Figura 3.6: Triboteste de erosão por jato de ar

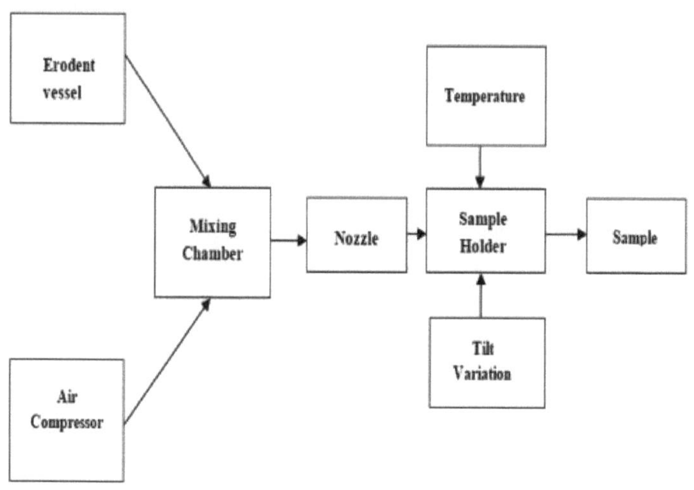

Figura 3.7: Diagrama esquemático do triboteste de erosão por jato de ar

Tabela 3.3: Parâmetros de erosão por jato de ar

Parâmetros de ensaio	Valor
Tipo de partícula abrasiva	Alumina
Tamanho da partícula abrasiva (μm)	50
Velocidade do fluxo de partículas (m/seg.)	100
Taxa de alimentação da partícula (gm/min)	8
Diâmetro do bocal	2 mm
Temperatura	RT(Temperatura ambiente), 300^0 C, 600 C^0

Ângulo de impacto	90^0

A perda de volume sofrida pelo provete no processo de desgaste por erosão pode ser calculada da seguinte forma:

$$\text{Erosão Perda de volume} = \frac{Mass\ loss\ of\ the\ material\ during\ Erosion}{Density\ of\ the\ material} \tag{3.2}$$

A taxa de erosão pode ser calculada da seguinte forma:

$$\text{Taxa de Erosão} = \frac{Mass\ Loss\ of\ the\ target\ material}{Mass\ of\ the\ erodent\ particle} \tag{3.3}$$

Capítulo 4

RESULTADOS E DISCUSSÃO

4.1 Visão geral

O pó de Stellite 6 é depositado num substrato de chapa de aço inoxidável de grau AISI 304 laminado de 3 mm, adoptando o processo de plasma atmosférico, utilizando a pistola de plasma PS-50 de 80KW de capacidade máxima. O processo de deposição é efectuado com parâmetros de processo constantes no Instituto de Tecnologia de Minerais e Materiais, uma unidade do Conselho de Investigação Científica e Industrial em Bhubaneswar, Odisha, Índia. A caraterização metalúrgica e mecânica do revestimento é estudada para compreender a qualidade da deposição. Subsequentemente, os produtos revestidos são submetidos a uma análise aprofundada para caraterização da corrosão e do desgaste erosivo, a fim de determinar a sua adequação ao desempenho em aplicações industriais. Neste capítulo, os resultados das experiências acima referidas são apresentados, justificados e explicados.

4.2 Caracterização do pó de Stellite 6

4.2.1 Forma e tamanho do pó de Stellite 6

O pó de Stellite 6 adquirido comercialmente é caracterizado quanto à sua forma e tamanho utilizando um microscópio eletrónico de varrimento (SEM) e a morfologia do pó obtida através de imagens SEM é mostrada na Figura 4.1. A micrografia mostra que a maioria das partículas são esféricas e de forma regular. Muito poucas partículas de tamanho mais pequeno estão aglomeradas. A aglomeração de partículas ocorre por vezes com a aplicação de pressão excessiva e temperatura elevada, o que leva a uma variação na forma e no tamanho de qualquer partícula. Além disso, a microfotografia mostra muito poucas partículas fragmentadas. Por conseguinte, com a presença de partículas de forma regular, o revestimento produzido pelo pó de Stellite 6 será geralmente liso e homogéneo.

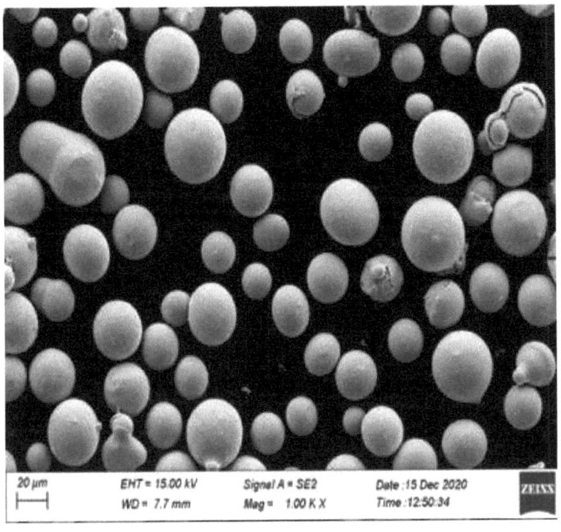

Figura 4.1: Micrografia SEM do pó de Stellite 6

4.2.2 Análise granulométrica do pó de Stellite 6

O software Image J é utilizado para a análise do tamanho das partículas do pó de Stellite 6 a partir da micrografia SEM apresentada na Figura 4.1. A Figura 4.2 (a) mostra a distribuição do tamanho das partículas e a concentração do tamanho do pó de revestimento medido antes da deposição por pulverização de plasma. As partículas são representadas numa curva de distribuição gaussiana. Verifica-se que a gama de tamanhos das partículas se situa entre 18 µm e 34 µm. Tem um valor de pico de 25 µm com uma distribuição Gaussiana de 8,18. Este valor indica que cerca de 25 µm é a espessura de película que será obtida numa única passagem aquando do revestimento do pó no substrato de aço inoxidável. Foi utilizado um analisador de tamanho de partículas por difração laser para determinar a distribuição fraccional do tamanho presente no pó. O resultado desta experiência é apresentado na Figura 4.2 (b), que indica o tamanho real presente em número nas partículas. Pode ser visto na Figura 4.2 (b) que a maioria das partículas está presente para além de 15 microns de tamanho e muito poucas partículas estão presentes na gama de 2 a 5 microns de tamanho. Do mesmo modo, a natureza da variação da curva é estável para além de 15 mícrones e o tamanho máximo da partícula é limitado a 45 mícrones. Pode ver-se que as partículas pequenas não contribuem significativamente para o processo de revestimento, uma vez que são susceptíveis de evaporação durante o processo de fusão. As partículas de grandes dimensões requerem mais calor para a fusão e mais tempo para a solidificação, provocando o entupimento do bocal da pistola de plasma. Todas estas experiências foram realizadas para conhecer o tamanho real do pó a alimentar para o revestimento através de plasma, uma vez que a eficiência da pistola é inferior a 45 mícrones de pó.

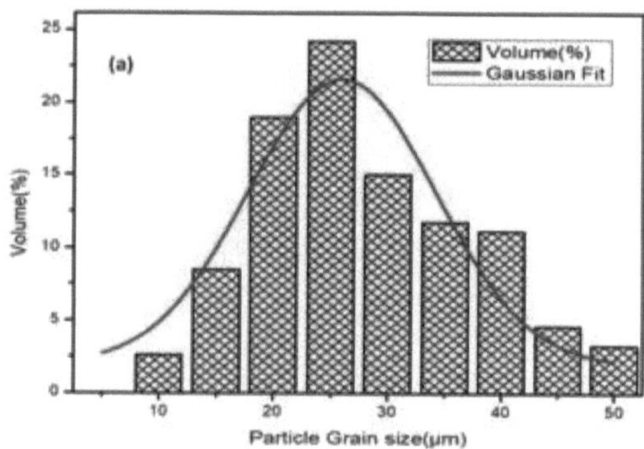

Figura 4.2 (a): Curva de distribuição do tamanho das partículas

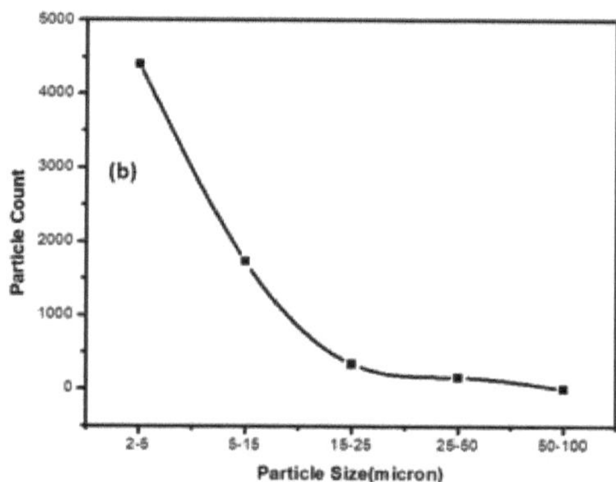

Figura 4.2(b): Distribuição real do tamanho das partículas através da técnica de difração laser

A distribuição do tamanho das partículas foi obtida utilizando um instrumento de difração a laser com uma capacidade de leitura de 0,5 microns. O resultado é apresentado na Figura 4.2 (b). As partículas são revestidas de acordo com as

66

especificações ISO 4406 - 2021. Um grande número de partículas é atribuído à gama inferior e apenas 3 partículas são obtidas para além de 50 microns de tamanho. A realização do volume de revestimento depende em grande medida do cubo do diâmetro das partículas. Assim, uma única partícula de 50 mícrones terá uma capacidade de deposição 1000 vezes superior à de uma partícula de 5 mícrones. Além disso, as partículas de tamanho entre 25 e 50 mícrones terão uma maior contribuição durante o revestimento, em comparação com as partículas de tamanho mais pequeno, para um revestimento homogéneo.

4.2.3 Difração de raios X do pó de Stellite 6

O padrão de difração de raios X do pó de Stellite 6 é mostrado na Figura 4.3. É evidente a partir do padrão de difração que o pó consiste numa solução sólida à base de Co com picos proeminentes com um ângulo de difração de 43 graus. Tem picos muito baixos com distribuições uniformes da fase de carboneto de Cr C_{73} . O cobalto possui uma estrutura hexagonal de pacote fechado à temperatura ambiente[50]. [50] O pó de Stellite 6 é normalmente produzido por secagem por pulverização com um processo de atomização. Durante o processo de atomização, é registada uma elevada taxa de arrefecimento, devido à qual é observada uma baixa quantidade de carboneto de Cr C_{73} . Esta constatação é também corroborada pela literatura anterior. [51, 52]

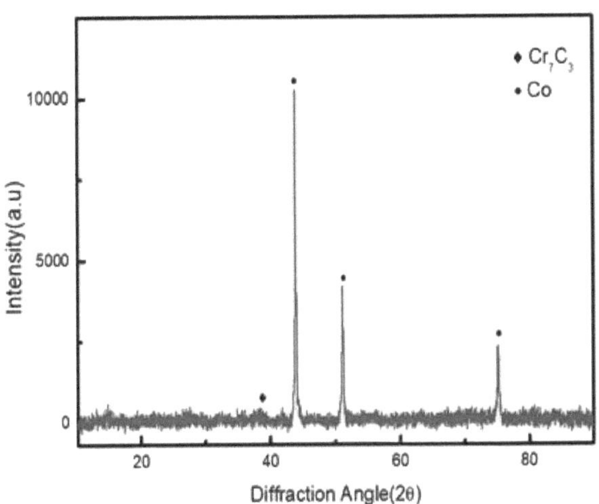

Figura 4.3: Traçado de XRD do pó de Stellite 6

O pó de Stellite 6 foi analisado num espetrómetro de emissão ótica para a determinação dos elementos metálicos e a presença dos seus óxidos formados. Os resultados da química e os óxidos presentes são apresentados na Tabela 4.1 e o ponto de fusão do elemento e os seus óxidos são apresentados na Tabela 4.2. É evidente a partir do resultado que todos os principais constituintes dos metais no pó estão a ser convertidos em óxidos. Os óxidos presentes no revestimento de Stellite 6 possuem uma dureza muito elevada e são os principais responsáveis por conferir ao revestimento propriedades de resistência ao desgaste. Além disso, o ponto de fusão dos óxidos formados é substancialmente mais elevado do que o do metal de base e não amolece à temperatura de trabalho dos ensaios de desgaste, mantendo a sua dureza e comportando-se como um material refratário.

Tabela 4.1: Presença de óxidos no pó de Stellite 6 através de OES

Componentes	Massa %
$Co\ O_{23}$	56.504
$Cr\ O_{23}$	34.024
WO_3	3.988
$Fe\ O_{23}$	1.122
NiO	2.142
MoO_3	0.293
SiO_2	1.56
MnO	0.228
$V\ O_{25}$	0.246

Tabela 4.2: Temperatura de fusão de elementos e óxidos

Elementos	Temperatura de fusão (^{0} C)	Óxidos	Temperatura de fusão (^{0} C)
Co	1495	$Co\ O_{23}$	1935
Cr	1907	$Cr\ O_{23}$	2435
W	3422	WO_3	1473
Fe	1510	$Fe\ O_{23}$	1565
Ni	1455	NiO	1955

Mo	2623	MoO_3	795
Si	1410	SiO_2	1710
Mn	1246	MnO	535
V	1910	$V O_{25}$	681

4.3 Determinação da espessura do revestimento

O revestimento de pó de Stellite 6 no substrato de aço inoxidável mantido verticalmente é efectuado numa abordagem em camadas através de passagens intermitentes com direcções longitudinais e transversais. A espessura do revestimento de 25 microns foi aproximadamente alcançada em cada passagem da tocha de plasma. A Figura 4.4 apresenta uma imagem micrográfica ótica da interface substrato-revestimento do Stellite 6 revestido por projeção de plasma no substrato de aço inoxidável AISI 304, juntamente com uma imagem SEM nítida da microfotografia do revestimento. A partir da micrografia da Figura 4.4 (a), (b) e (c) são observadas três camadas distintas. A primeira camada (marcada com 1) é a camada inferior que representa o substrato de aço SS 304, a camada intermitente (marcada com 2) representa a superfície revestida e a camada superior (marcada com 3) é a resina. As figuras acima indicam que a deposição do revestimento em pó de Stellite 6 está presente numa textura lamelar paralela à superfície do aço. Verifica-se ainda que a amostra 3 apresenta a espessura de revestimento mais uniforme, enquanto a amostra 1 apresenta uma espessura de revestimento irregular, em comparação com as três micrografias. A espessura média do revestimento, medida a partir das micrografias, é de 74 µm, 128 µm e 215 µm para as amostras 1st , 2nd e 3rd , respetivamente, e a variação da espessura do revestimento varia entre 38,43%, 20,23% e 7,69%, respetivamente. Pode inferir-se que, sem alterar os parâmetros do processo para a tecnologia de deposição por pulverização de plasma atmosférico, os produtos revestidos de maiores dimensões apresentam um revestimento sólido e suave. As partículas grandes associadas aos pós são fundidas instantaneamente, sofrem uma solidificação rápida e são depositadas uniformemente na parede do substrato. Este fenómeno não se verificou durante a deposição do material de revestimento nos produtos de menor espessura de revestimento.

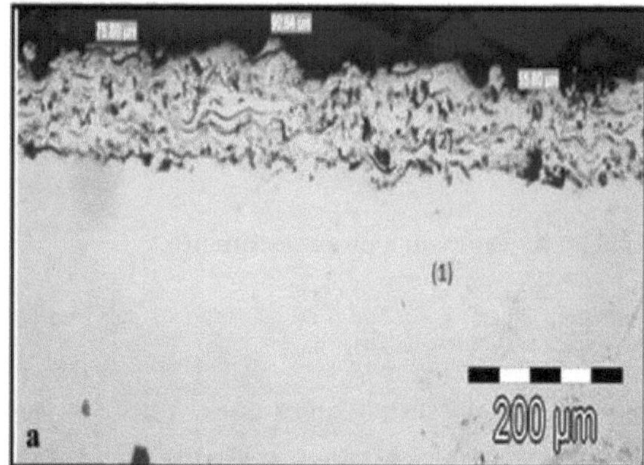

Figura 4.4(a): Interface substrato-revestimento mostrada pela micrografia ótica do Stellite 6 revestido em substrato de aço inoxidável para a amostra 1 (1= substrato, 2= revestimento de Stellite 6, 3= resina)

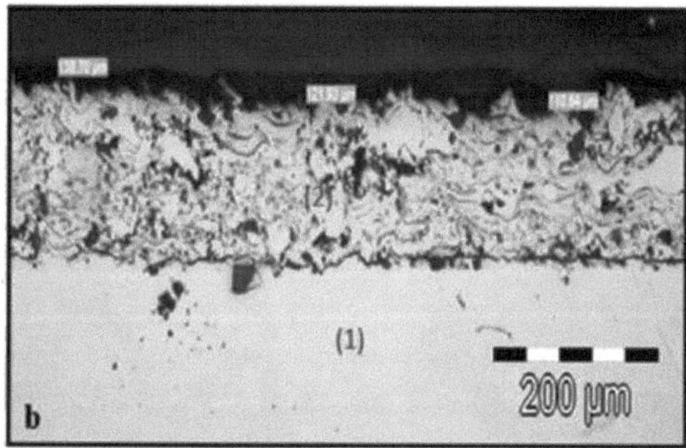

Figura 4.4.(b): Interface substrato-revestimento mostrada pela micrografia ótica do Stellite 6 revestido em substrato de aço inoxidável para a amostra 2 (1= substrato, 2= revestimento de Stellite 6, 3= resina)

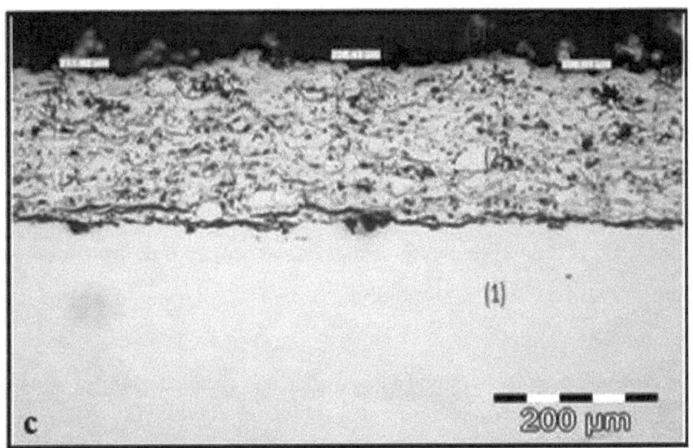

Figura 4.4(c): Interface substrato-revestimento mostrada pela micrografia ótica do Stellite 6 revestido em substrato de aço inoxidável para a amostra 3 (1= substrato, 2= revestimento de Stellite 6, 3=resina)6 revestimento, 3=resina)

A imagem SEM do revestimento é mostrada na Figura 4.4(d). Foram observadas na figura algumas partículas não fundidas sob a forma de salpicos e partículas parcialmente fundidas sob a forma de poros, o que é uma caraterística dos revestimentos por pulverização de plasma. Estes poros ou vazios, marcados no SEM, são pretos.

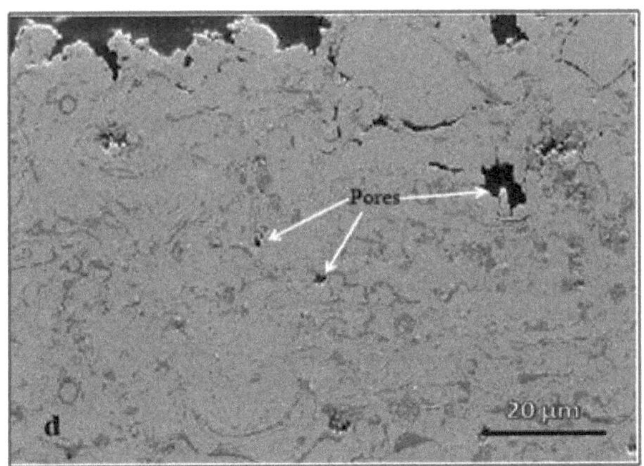

Figura 4.4(d): Imagem ampliada do revestimento (SEM)

4.4. Cálculo da força de adesão

A força de adesão do revestimento ao substrato pode ser avaliada através do conhecimento das propriedades mecânicas do revestimento. Do ponto de vista mecânico, a adesão pode ser avaliada pela força associada à fratura da interface e é macroscópica. De acordo com alguns relatórios, se ocorrer uma fratura na interface revestimento-substrato e o mecanismo de fratura for adesivo, então o valor de adesão observado representa a adesão real. Trata-se de um atributo da interface revestimento-substrato e depende principalmente das condições da superfície. [48]

A separação do revestimento teve lugar na interface entre o revestimento e o substrato, como se mostra na Figura 4.5. O valor da força de adesão de cada amostra é apresentado na Tabela 4.3. Em todas as três amostras, a força de aderência tem uma magnitude que varia entre $26,5 \pm 2$MPa, correspondendo a uma forte ligação interna nas partículas de Stellite 6. Além disso, depois de examinar a superfície do perno desconectado, observa-se que uma quantidade insignificante de material revestido foi retirada do revestimento. No caso da amostra 3, com uma espessura de revestimento de 215µm, o valor da força de adesão é superior a 28 MPa, mostrando uma quantidade apreciável de arrancamento visível do revestimento. A força obtida no ensaio de aderência é considerada boa devido ao maior número de pontos de contacto entre as lamelas bem achatadas. O maior número de pontos de contacto indica que o perno tem uma maior área de superfície de contacto. Isto significa que a área de superfície de contacto é maior e que é necessária uma maior quantidade de força para separar o material revestido do substrato.

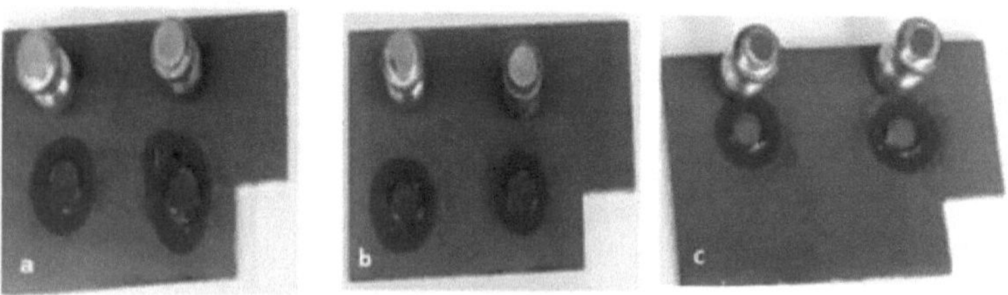

Figura 4.5: Amostras testadas quanto à adesão (a) Amostra 1 (b) Amostra 2 (c) Amostra 3

Tabela 4.3: Valor da força de adesão de cada amostra

Amostras	Espessura do revestimento	Força de adesão em MPa
Amostra-1	74 µm	26.11
Amostra-2	128 µm	25.02
Amostra-3	215 µm	28.8

4.5. Densidade, porosidade e rugosidade da superfície do revestimento de Stellite 6

Os parâmetros físicos como a densidade, a porosidade e a rugosidade da superfície do revestimento são apresentados na Tabela 4.4. A densidade do Stellite 6 é de 8,69 g/cm^3 . [49] O valor calculado da densidade do revestimento foi de 8,44 g/cm^3 . Isto mostra um desvio de 2,8768% entre a literatura relatada e o resultado experimental. Foram utilizadas técnicas de análise de imagem microscópica ótica (OMIA) para a determinação da homogeneidade do revestimento. A porosidade das amostras revestidas foi calculada pelo software Image J, de domínio público e gratuito. [45]

São efectuadas dez observações diferentes em locais diferentes e a porosidade da superfície revestida é calculada utilizando o método da média estatística. O valor da porosidade para o revestimento pulverizado a plasma situa-se no intervalo de 2,9 ± 0,05%. Sidhu et al. observaram que a porosidade do revestimento de Stellite 6 pulverizado por plasma se situa entre 2-3,5%. A partir da tabela, observa-se que a amostra 2 tem o valor de porosidade mais baixo. [77] Um valor reduzido de porosidade indica uma boa deposição do material de revestimento no substrato e conduz a propriedades mecânicas e caraterísticas funcionais superiores, como a corrosão e o desgaste erosivo.

A rugosidade da superfície do produto revestido foi medida utilizando um instrumento de rugosidade da superfície. São efectuadas cinco leituras de rugosidade em cada amostra e o seu valor médio é considerado como a rugosidade da superfície. Os perfis de superfície 2D da rugosidade da superfície para a amostra-1 (uma leitura) através do Talysurf são apresentados na Figura 4.6. Todas as outras medições são efectuadas de forma semelhante.

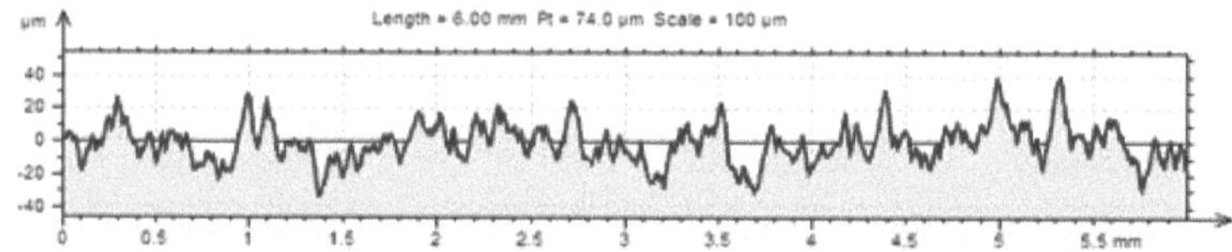

Figura 4.6: Os perfis de superfície 2D da rugosidade da superfície para a amostra-1 (uma leitura) através do Talysurf

O valor da rugosidade da superfície do produto revestido para todas as amostras é medido utilizando um medidor de rugosidade da superfície e os seus valores de rugosidade variam entre 4,8 ± 0,02 µm, enquanto que, com a adoção do processo HVOF, o valor obtido é de 4,892 ± 0,38 µm. Isto indica que se obtém uma tolerância próxima na rugosidade da superfície para a técnica de projeção de plasma atmosférico em comparação com o processo HVOF, onde se observou uma grande variação. [79] Isto indica que é obtido um melhor acabamento da superfície. Através do processo de projeção de plasma atmosférico, em comparação com o outro método de deposição, um melhor acabamento de superfície terá uma melhor inibição da corrosão e uma propriedade superior de resistência ao desgaste. [138, 139]

Tabela 4.4: Densidade, porosidade e rugosidade da superfície das amostras revestidas com Stellite 6

Amostras	Espessura do revestimento	Densidade	Porosidade	Rugosidade da superfície
Amostra-1	74 µm	8,44gm/cm³	2.95%	4,78 µm
Amostra-2	128 µm	8,44gm/cm³	2.85%	4,8 µm
Amostra-3	215 µm	8,44gm/cm³	2.90%	4,82 µm

4.6. Análise de fases do revestimento de Stellite 6

A Figura 4.7 mostra o padrão XRD de três amostras de Stellite 6 revestidas. Pode observar-se a partir desta figura que a estrutura do revestimento consiste numa solução sólida de cobalto juntamente com uma dominância de carboneto de crómio e óxidos de crómio, tais como Cr C_{236} , Cr $C_{73,}$ e CrO. No pico de maior intensidade, com um ângulo de difração de 45 graus, os carbonetos de crómio (Cr C_{236} e Cr C_{73}) coincidem com a matriz à base de Co. Devido ao arrefecimento instantâneo após a deposição do pó na chapa de aço SS 304 durante o processo de pulverização de plasma atmosférico, o cobalto não sofre a alteração da fase de equilíbrio, permitindo assim que permaneça na estrutura FCC consistente com a temperatura superior a 417^0 C. [94] Existe também um pequeno pico de CrO no padrão XRD. A presença de CrO indica que poderá ter ocorrido alguma oxidação do crómio durante o processo de pulverização por plasma.

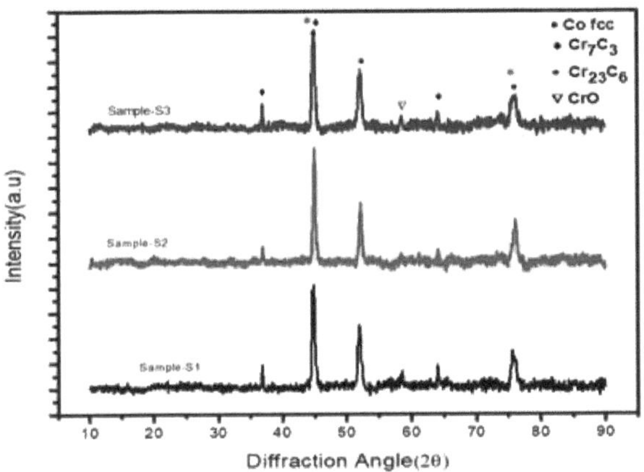

Figura 4.7: Padrão XRD do revestimento de Satélite 6

4.7. Análise da microestrutura do revestimento

A Figura 4.8 mostra a imagem SEM do revestimento de Stellite 6 pulverizado por plasma no substrato de aço inoxidável AISI 304. A figura é constituída por uma micrografia SEM para cada amostra com diferentes ampliações. Observa-se que são visíveis duas fases diferentes na micrografia. A região cinzenta clara corresponde à estrutura 1 enriquecida com cobalto, designada por fase dendrítica, enquanto a fase cinzenta escura corresponde à estrutura 2 enriquecida com crómio, também designada por fase eutéctica interdendrítica. Esta fase eutéctica inter-dendrítica é constituída por

Cobalto com carboneto de Crómio e a fase dendrítica é constituída por uma solução sólida de Cobalto (estrutura FCC). [81, 93] O endurecimento por solução sólida e os precipitados de carbonetos desempenham um papel importante para conferir resistência à superliga à base de cobalto.

Observa-se também a partir do XRD que o crómio é o principal elemento que forma carboneto durante o processo de revestimento. Também melhora o endurecimento da solução sólida juntamente com a resistência à corrosão e à oxidação. Os carbonetos como $Cr\ C_{236}$ e $Cr\ C_{73}$ são formados por crómio. Mas devido à natureza metaestável do $Cr\ C_{73}$, por vezes converte-se em $Cr\ C_{236}$ durante um ambiente de trabalho a temperaturas mais elevadas. [51]

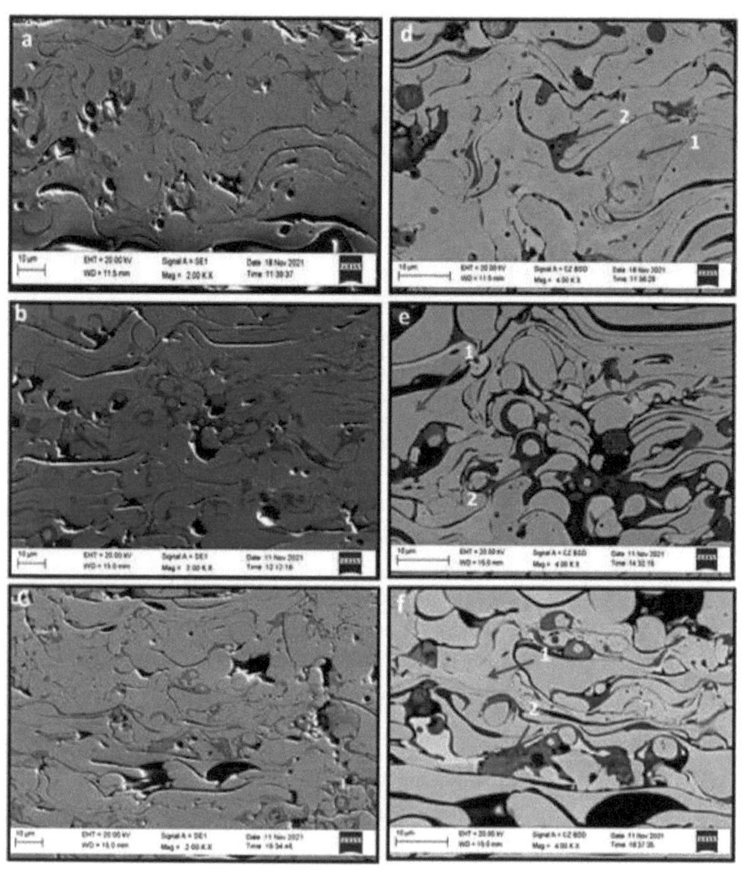

Figura 4.8: Micrografia SEM de revestimentos de Stellite 6 em diferentes ampliações (a), (d) amostra 1, (b), (e) amostra 2 e (c), (f) amostra 3

A análise EDS correspondente de diferentes estruturas (marcadas como 1 e 2 na micrografia) em todas as amostras é apresentada na Figura 4.9 (a), (b) e (c) e é mostrada na Tabela 4.5. A partir desta tabela, verifica-se que o Co, o Cr e o W são os elementos dominantes na região dendrítica e interdendrítica. O oxigénio está presente na região interdendrítica de uma forma abundante, principalmente devido ao SiO_2 . Alguns óxidos de Cr aparecem como finas fases escuras (pretas) e estão localizados como uma linha marginal entre as lâminas. Estes são formados imediatamente após o processo de deposição devido à reação das lamelas com o ar adjacente. [30, 32] Quando o W e o Mo estão presentes na microestrutura do Stellite 6, eles fornecem resistência através da formação de carbonetos ou compostos intermetálicos. [30, 81] Mas a presença de W da análise de mapeamento elementar EDS é muito menor em comparação com Co e Cr. Assim, não há presença da fase branca, que é enriquecida com tungsténio, como se vê nas superfícies revestidas com PTA. [67, 94] Assim, presume-se que o tungsténio está incorporado na matriz de cobalto dentro da fase interdendrítica e proporciona uma resistência adicional através do endurecimento por solução sólida.

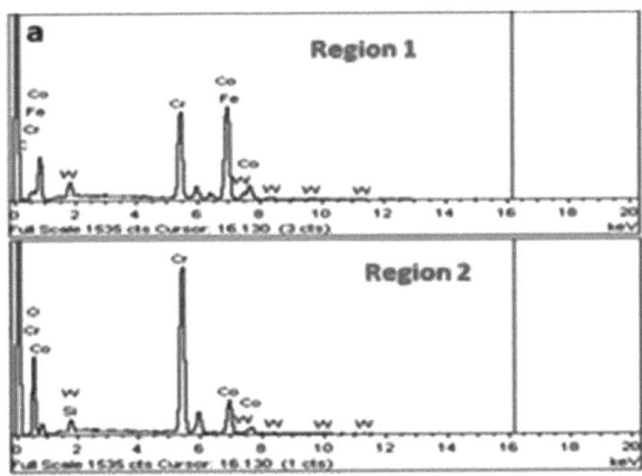

Figura 4.9(a): Análise EDS de diferentes estruturas na Amostra1

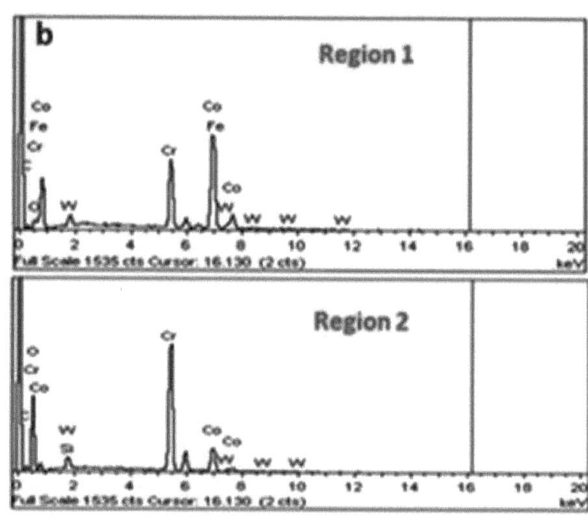

Figura 4.9(b): Análise EDS de diferentes estruturas na Amostra 2

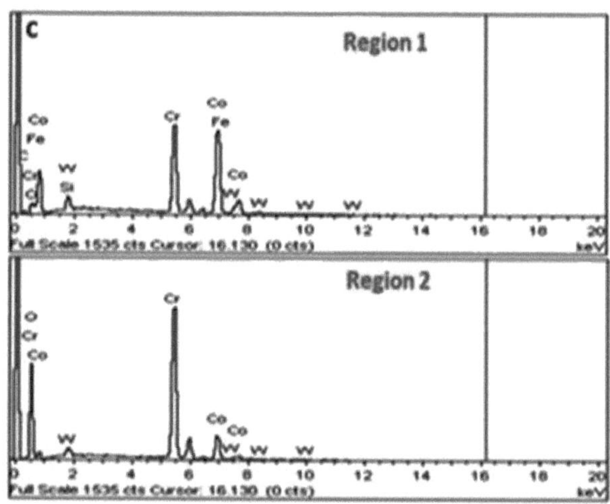

Figura 4.9(c): Análise EDS de diferentes estruturas na Amostra 3

Tabela 4.5: Análise EDS dos revestimentos de Stellite 6

Amostra s	A região marcada na micrografia	Co	Cr	W	Fe	C	O	Si
Amostra 1	1	56.71	29.64	6.58	2.32	4.75	---	---
	2	21.02	57.02	2.16	----	---	18.53	1.27
Amostra 2	1	62.74	23.07	5.48	1.91	6.18	0.61	---
	2	16.26	51.54	2.21	---	6.09	22.45	1.45
Amostra 3	1	57.29	30.82	3.89	1.35	4.94	0.3	1.4
	2	16.45	57.11	3.36	---		23.08	---

A presença de diferentes elementos é identificada na microestrutura de todos os espécimes revestidos com Stellite 6 através do mapeamento elementar e é mostrada na Figura 4.10.

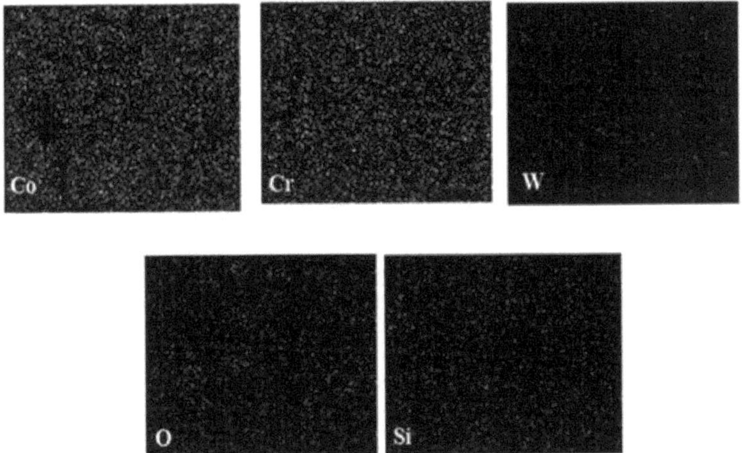

Figura 4.10: Mapeamento da composição química de todos os espécimes revestidos

4.8. Análise da microdureza

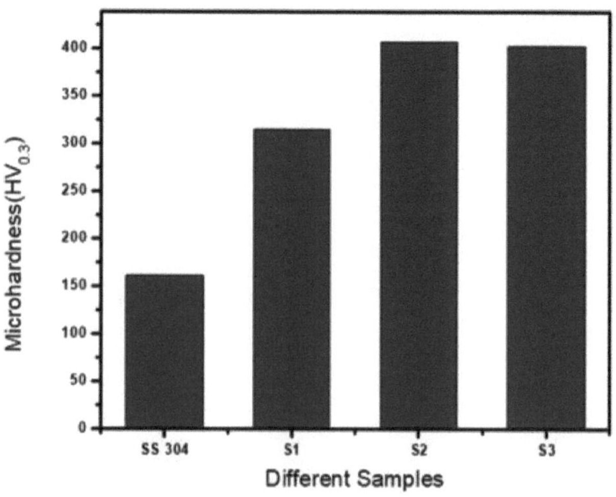

Figura 4.11: Microdureza de diferentes amostras revestidas

A Figura 4.11 mostra os valores de microdureza dos produtos revestidos efectuados sobre o substrato SS 304. O valor médio de microdureza do substrato não revestido aumenta de 161 ± 2 HV$_{0.3}$ para $375 \pm 42,5$ HV$_{0.3}$ (amostras revestidas com Stellite 6). O aumento da microdureza observado nas amostras revestidas pode dever-se à dispersão consistente dos carbonetos na matriz de Stellite 6 e também ao refinamento do grão e ao tamanho uniforme e regular do grão. A amostra 1 apresenta a dureza mais baixa de 315 HV$_{0.3}$ em comparação com as outras amostras. A microdureza da amostra 2 e da amostra 3 é quase idêntica. Como a espessura do revestimento da amostra 1 é muito pequena, esta é facilmente perfurada, reflectindo assim uma baixa dureza do substrato. O valor de dureza de ($402,6 \pm 20,9$ HV$_{(2.94\,N)}$) foi obtido para os materiais Stellite 6 produzidos através de fundição em areia e relatado por Yu et al. [61] Uma dureza elevada do material revestido dará origem a uma melhor força de adesão entre o revestimento e o substrato. É necessária uma quantidade substancial de força para delaminar o revestimento. Este facto, por sua vez, irá absorver e culminar numa propriedade superior de resistência ao desgaste.

4.9. Corrosão eletroquímica

Três amostras revestidas com Stellite 6 com diferentes espessuras de revestimento depositadas no substrato de aço SS-304 foram submetidas a um teste eletroquímico de corrosão potenciodinâmica para verificar a propriedade de resistência à corrosão. As curvas de polarização de todos os espécimes juntamente com SS 304 são mostradas na Figura 4.12 e a taxa de corrosão de todas as amostras foi medida e resumida na Tabela 4.6. Na solução de teste, o potencial de corrosão e a densidade da corrente de corrosão são os parâmetros de avaliação da medição da intensidade da corrosão. Amostras revestidas com menor densidade de corrente de corrosão e maior valor de potencial de corrosão indicam caraterísticas superiores de resistência à corrosão[49, 83, 84]. A partir dos resultados obtidos através do teste de corrosão eletroquímica, inferiu-se que a amostra revestida com 215 microns (S3) de espessura de revestimento exibe a menor densidade de corrente de corrosão e o maior potencial de corrosão. Além disso, tem a taxa de corrosão mais baixa, mostrando as melhores propriedades de resistência à corrosão em comparação com outras amostras revestidas e como se mostra na Figura 4.13. A presença de um teor mais elevado de crómio nas ligas Stellite 6 aumenta as propriedades de resistência à oxidação e à corrosão, formando uma película protetora de $Cr O_{23}$, o que é observado nas curvas de polarização.

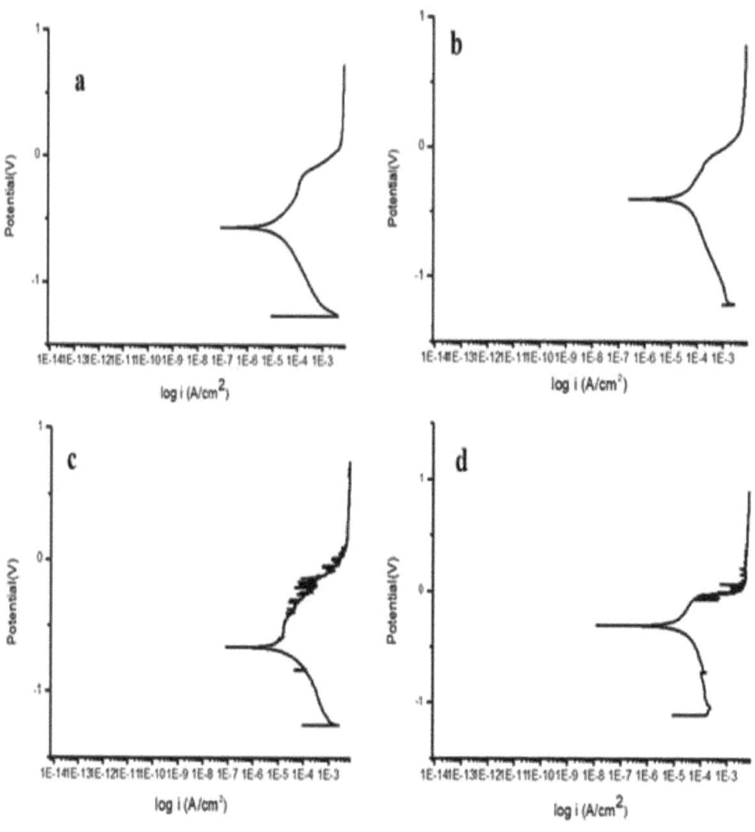

Figura 4.12: Curvas de polarização potenciodinâmica de (a) SS 304, (b) Amostra 1, (c) Amostra 2, (d) Amostra 3

Tabela 4.6: Parâmetros electroquímicos determinados através do ensaio de corrosão potenciodinâmica

Espécimes	E-corrosão(V)	J-corrosão (A/cm)^2	Taxa de corrosão (mm/ano)
SS-304	-0.5677	1.2567×10^{-5}	0.14603
S1	-0.40104	9.9162×10^{-6}	0.11523
S2	-0.66121	5.2194×10^{-6}	0.060649

82

S3	-0.30757	4.0335×10^{-6}	0.046869

A corrosão é um tipo de fenómeno de superfície em que a manifestação da falha começa na superfície exterior e progride gradualmente em direção ao núcleo interior (substrato). A amostra 3 mostra que a presença de três camadas de revestimento de Stellite 6 num substrato de aço inoxidável SS 304 retarda o início do processo de corrosão. A progressão da corrosão demora muito mais tempo a atingir a superfície de SS 304 e proporciona a melhor propriedade de resistência à corrosão em comparação com as outras duas amostras revestidas.

Pode ver-se na Figura 4.12(a), (b) que o substrato de aço inoxidável 304 e a amostra 1 têm propriedades de resistência à corrosão idênticas e são susceptíveis de sucumbir à corrosão. Do mesmo modo, na Figura 4.12 (c), a amostra 2, com uma espessura de revestimento mais elevada, apresenta uma melhor resistência à corrosão e o tempo necessário para sofrer corrosão também aumenta em comparação com a primeira amostra. Na Figura 4.12 (d), a amostra 3, com uma espessura de revestimento de 215 mícrones, oferece uma resistência superior ao processo de corrosão. Devido ao revestimento, a resistência à corrosão aumentou 68,4 por cento. Um fenómeno de aceleração e retardamento do início da corrosão é claramente visível no gráfico de Tafel, mas acaba por sucumbir à corrosão após um intervalo de tempo mais longo, em comparação com as outras duas amostras.

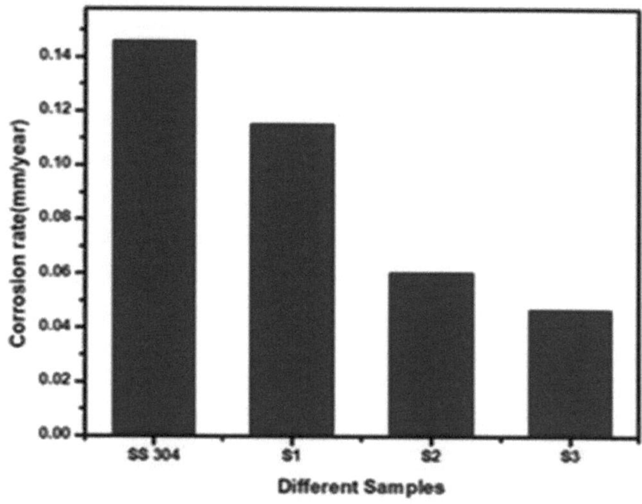

Figura 4.13: A taxa de corrosão num ensaio de corrosão potenciodinâmica

Na Figura 4.13, é apresentada a taxa de corrosão de todas as amostras juntamente com o substrato de aço inoxidável SS 304. O material de base tem a taxa de corrosão mais elevada e a amostra 3 tem a taxa de corrosão mais baixa no gráfico do histograma. A amostra 3 possui a maior resistência à corrosão e o material de base possui a menor resistência à corrosão.

4.10. Morfologia da alumina (Al O_{23}) Erodent

A Figura 4.14 mostra a imagem SEM do pó erodente de alumina. O pó tem uma forma irregular com um rácio de aspeto sempre superior a dois. As arestas também são afiadas, como se observa na Figura 4.14. A Figura 4.14 mostra a análise EDS num ponto da imagem SEM. A análise elementar correspondente é mostrada na Figura 4.15 e na Tabela 4.7. Na Figura 4.15, o eixo X representa a frequência e o eixo Y representa a amplitude e são observados três picos. Dois picos são dominantes e o terceiro pico é insignificante em termos de magnitude. A análise elementar na Tabela 4.7 mostra que a alumina é constituída apenas por elementos de alumínio e oxigénio. Assim, o alumínio e o oxigénio são os elementos dominantes presentes na alumina, como se pode ver na Figura 4.16. A alumina (Al O_{23}) como erodente é utilizada para realizar todas as experiências de desgaste erosivo. O pó de alumina é aplicado a uma velocidade muito elevada no material revestido. Este erodente de forma irregular gera uma energia cinética substancial para o atrito do material e para o início do desgaste erosivo.

Figura 4.14: Imagem SEM do erodente de alumina

Figura 4.15: Análise de pontos EDS na imagem SEM da alumina

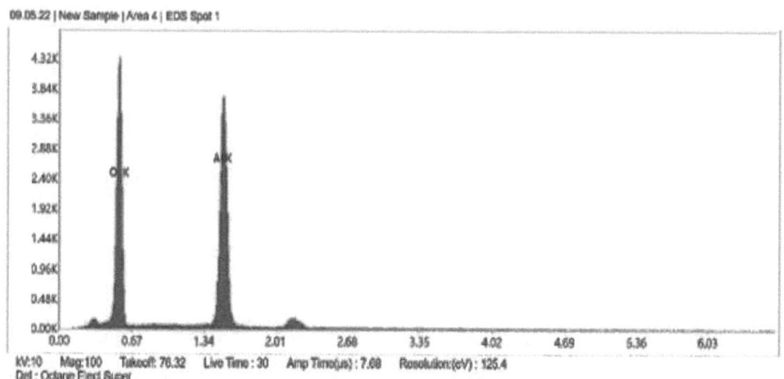

Figura 4.16: Análise EDS de Al O$_{23}$

Quadro 4.7: Análise EDS da alumina (Al O)$_{23}$

Elementos	Peso %
O	56.2
Al	43.8

A alumina é selecionada como erodente na presente investigação, uma vez que é um material refratário que pode suportar temperaturas elevadas e possui também uma forma irregular com um bordo afiado. No processo de erosão por partículas sólidas, quando esta partícula erodente de alta velocidade atinge a superfície do alvo com forte impacto, devido à sua forma irregular e aresta afiada, a remoção do material da superfície do alvo ocorre facilmente.

4.11. Efeito da temperatura na erosão

A Figura 4.17 (A, B, C) mostra as fotografias da superfície fracturada de amostras não revestidas e revestidas a um ângulo de impacto de 90^0 e à temperatura ambiente, 300^0 C e 600^0 C, respetivamente. A Figura 4.17 (A-a, e B-e) para o substrato SS 304 não revestido mostra a falha como muito proeminente. A concentração de partículas que atingem a superfície está ausente. Mas na Figura 3 (C-i) são visíveis as zonas secundárias e terciárias afectadas.

As figuras (4.17 A-b, c, d, 3B-f, g, h, e 3C-j, k, l) mostram as fotografias de todos os espécimes revestidos que incluem os espécimes 1, 2 e 3 à temperatura ambiente, 300^0 C, e 600^0 C respetivamente. As figuras (4.17A-b, c, d, 4.17 B-f, g, h, e 4.17 C-j, k, l) de todos os espécimes revestidos mostram que o material é erodido criando uma depressão de forma circular a 90^0 ângulo de impacto. A estrutura da porção erodida varia a diferentes temperaturas. A macrografia dos espécimes erodidos revela três zonas distintas: uma zona primária central, uma zona circular secundária fora da zona primária e uma zona terciária na periferia. O desgaste do material por erosão está a ocorrer principalmente no círculo interior. A zona secundária está a ser afetada e pouca quantidade de material está a ser removida, enquanto a zona terciária é a zona menos afetada durante a erosão.

As fotografias da superfície fracturada indicam que o círculo interior sofre uma falha frágil e diminui à medida que progride em direção à periferia. Também se pode inferir que o espécime com o menor raio na zona primária interior tem caraterísticas de desgaste por erosão superiores.

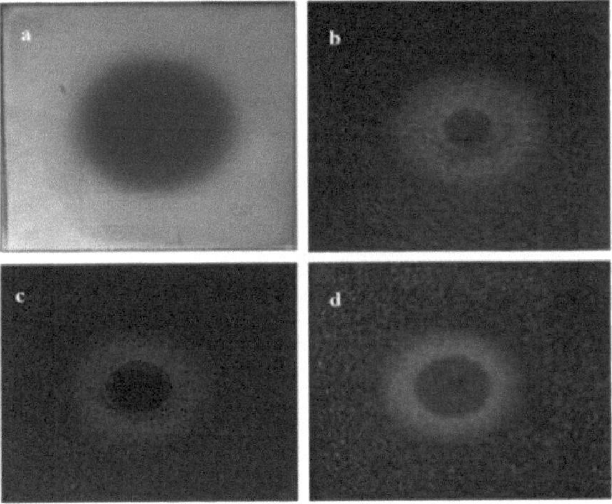

Figura 4.17(A): Fotografia mostrando a superfície fracturada de espécimes erodidos não revestidos e revestidos à temperatura ambiente (a-SS 304, b-espécime 1, c-espécime 2, d-espécime 3)

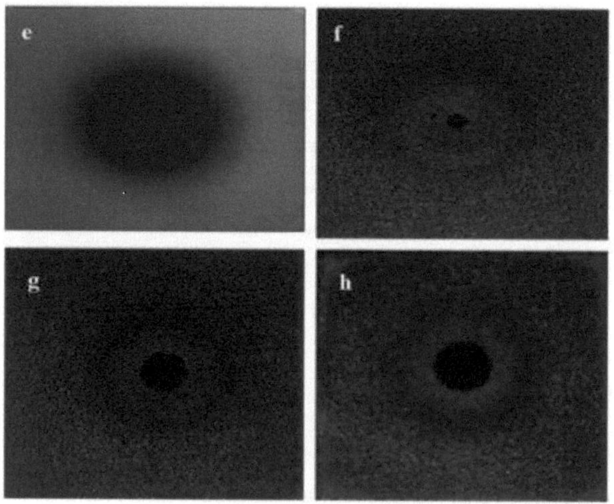

Figura 4.17(B): Fotografia mostrando a superfície fracturada de espécimes erodidos sem revestimento e com revestimento a diferentes temperaturas, 300^0 C (e-SS 304, f-espécime 1, g-espécime 2, h-espécime 3)

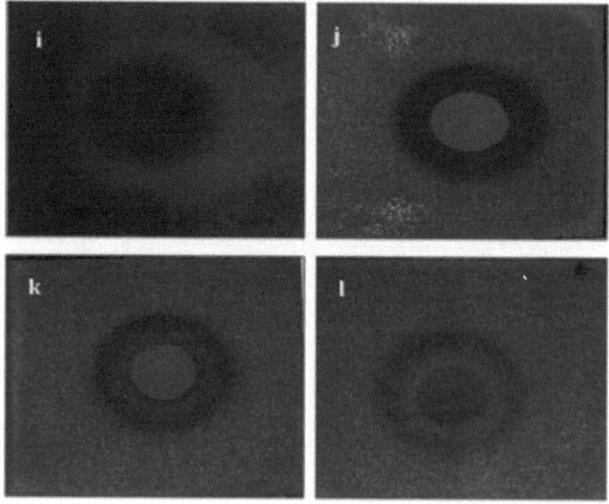

Figura 4.17(C): Fotografia mostrando a superfície fracturada de espécimes erodidos não revestidos e revestidos a diferentes temperaturas, 600^0 C (i-SS 304, j-espécime 1, k-espécime 2, l-espécime 3)

4.12. Mecanismo de erosão

A Figura 4.18 (A, B, C) mostra a imagem SEM das superfícies erodidas fracturadas dos produtos de base e revestidos. Estas figuras demonstram o efeito de diferentes temperaturas no mecanismo de erosão de amostras não revestidas e revestidas em ângulos de impacto de 90^0 . As Figuras 4.18 (A-a), 4.18 (B-e) e 4.18 (C-i) indicam a deformação da superfície com lábios e crateras elevados. Não são observadas fissuras na imagem SEM das amostras não revestidas. Pode inferir-se que as amostras não revestidas exibem um modo dúctil de erosão caraterístico, no qual a remoção de material ocorre maioritariamente por deformação plástica. [89] A remoção de material ocorre através da formação de lábios e do endurecimento por deformação dos lábios após fratura dúctil em ângulos de impacto mais elevados e a diferentes temperaturas. [90]

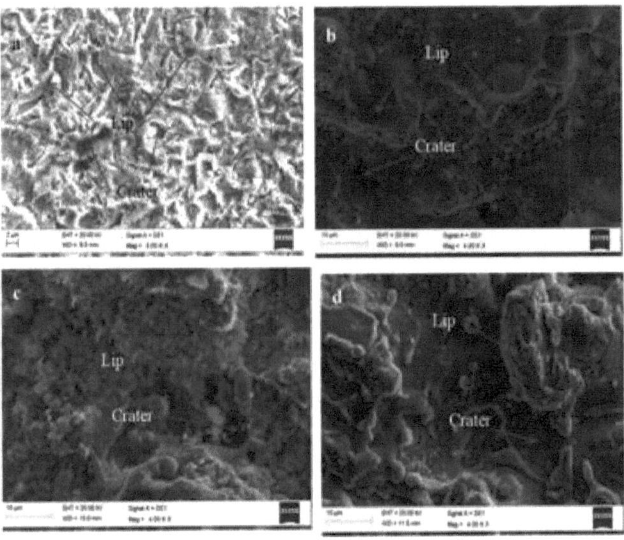

Figura 4.18(A): Superfícies corroídas com uma imagem ampliada em RT (a) SS 304, (b) S1, (c) S2, (d) S3

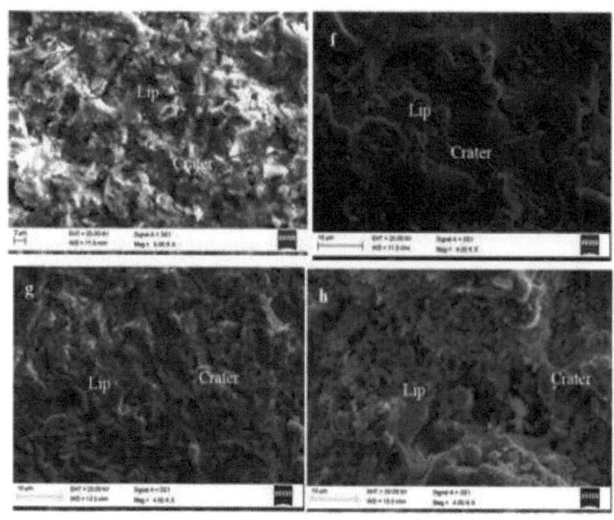

Figura 4.18(B): Superfícies corroídas com imagem ampliada a 300⁰ C (e) SS
304, (f) S1, (g) S2, (h) S3

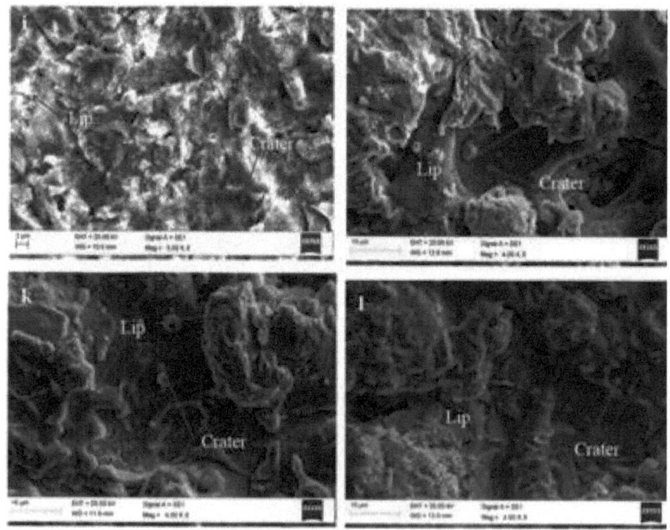

Figura 4.18(C): Superfícies corroídas com uma imagem ampliada a 600⁰ C (i)
SS 304, (j) S1, (k) S2, (l) S3

90

As figuras (4.18 A-b, c, d, 4.18 B-f, g, h, e 4.18 C-j, k, l) representam a microestrutura da imagem SEM de todos os espécimes revestidos. Foram descritas na literatura diferentes análises e investigações sobre o processo de erosão de partículas sólidas. [86-88] A literatura revela que dois mecanismos, como o desgaste de corte e o desgaste por deformação, são responsáveis pela erosão das partículas sólidas. De acordo com Neilson e Gilchrist, a perda devido à erosão é causada apenas pelo desgaste por deformação, quando as partículas incidem num ângulo de impacto normal. [86] O revestimento de Stellite 6 pulverizado termicamente mostra que a erosão ocorreu de uma forma frágil com um ângulo de impacto de 90^0 . [86] No entanto, durante a realização da experiência de erosão, nem todas as partículas do bico pulverizador atingem a superfície alvo a 90^0 , mas quase a 90^0 , o que provoca desgaste de corte. Durante o impacto normal, toda a superfície alvo sofre tensão de compressão, mas algumas partes localizadas podem estar sujeitas a tensão de tração, causando deformação devido à variação do impacto na superfície alvo. [82] Devido à não uniformidade da tensão, desenvolve-se um mecanismo de tensão de deslizamento na superfície do alvo que resulta numa deformação plástica grave. Como resultado, os lábios e as crateras desenvolveram-se nas superfícies erodidas, como se observa na imagem SEM de todas as superfícies revestidas de todos os espécimes.

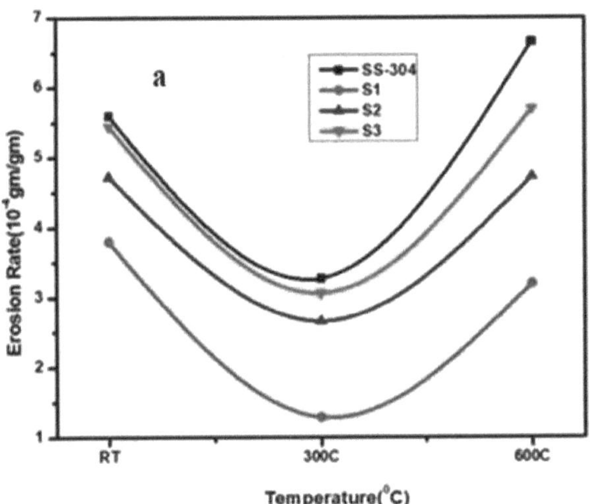

91

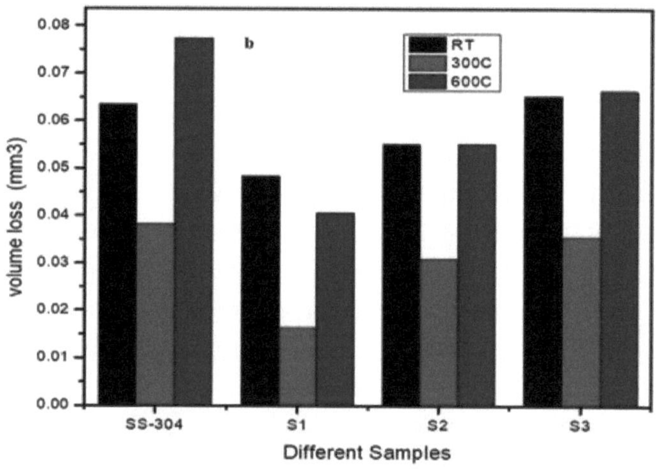

**Figura 4.19(b): Perda de volume de todos os espécimes para diferentes ângulos
de impacto durante a erosão de partículas sólidas a 90 ⁰**

A taxa de erosão e a perda de volume durante a erosão por jato de ar são calculadas para cada amostra a diferentes temperaturas. A variação da taxa de erosão com a temperatura e a perda de volume de todos os espécimes durante a erosão de partículas sólidas a 90^0 ângulos de impacto são mostradas na Figura 4.19 (a) e (b). A Figura 4.19 (a) mostra que a taxa de erosão do espécime-1 com espessura de revestimento de 74 mícrones é mínima a todas as temperaturas e possui a melhor propriedade de resistência ao desgaste erosivo em comparação com outros espécimes. No entanto, a SS 304 nua possui a menor propriedade de resistência ao desgaste erosivo. A presença de crómio na amostra revestida com Stellite 6 aumenta a sua propriedade de resistência ao desgaste erosivo através da formação de carbonetos metálicosCr C_{236} , e Cr C_{73} . Observa-se que o aumento da espessura do revestimento não apresenta boas propriedades de resistência ao desgaste erosivo. Com o aumento da espessura do revestimento de Stellite 6, os vazios ou poros entre as moléculas estão a aumentar, o que diminui a ligação entre as moléculas.

Um aumento da temperatura de funcionamento da amostra afecta negativamente a propriedade de resistência ao desgaste erosivo. Antes de efetuar os

92

ensaios de erosão, a superfície exterior revestida é normalmente embebida com partículas duras e ásperas. À temperatura ambiente, durante o impacto de partículas erodentes sólidas no material alvo, no ponto de contacto, devido ao impacto de partículas duras de muito alta velocidade, desenvolve-se fricção que aumenta a temperatura da superfície alvo. Como consequência, a superfície do alvo no ponto de contacto torna-se macia e começa a ocorrer desgaste ou falha. O processo de desgaste erosivo leva algum tempo a ocorrer e, assim, a camada exterior da superfície é removida através do processo de delaminação, mostrando que a taxa de erosão está a diminuir gradualmente na Figura 4.19 (a).[136] Mas quando a temperatura aumenta ainda mais, acima da temperatura ambiente, toda a superfície do espécime é aquecida, resultando no amolecimento de toda a superfície. A película de óxido da superfície do provete é quebrada e a oxidação ocorre e começa o desgaste ou a falha. A partir da Figura 4.19 (a), verifica-se que a taxa de erosão de todos os espécimes diminui gradualmente até 300^0 C. Na gama de temperaturas entre 300^0 C e 600^0 C, ocorre uma erosão severa, resultando no aumento gradual da curva da taxa de erosão e o revestimento é completamente erodido e ocorre a falha. Assim, pode inferir-se que o revestimento de Stellite 6 no aço inoxidável SS 304 é ideal para temperaturas até 300^0 C, mas é menos eficaz para temperaturas superiores a 300^0 C. medida que a temperatura aumenta, a propriedade de resistência ao desgaste deteriora-se rapidamente.

Capítulo 5

TÉCNICA DE OPTIMIZAÇÃO

5.1. Visão geral

Foram obtidas três espessuras de revestimento diferentes de pó de Stellite 6 em substrato de aço inoxidável 304 através do processo de deposição por pulverização de plasma diretamente sem quaisquer camadas de ligação intermédias. A espessura do revestimento, medida num microscópio eletrónico de varrimento, foi obtida como "74 µm, 128 µm e 215 µm". Para avaliar a viabilidade da sua aplicação na indústria, foi efectuada uma investigação sobre o comportamento funcional do aço revestido a várias temperaturas de trabalho, incluindo a corrosão, a microdureza e a erosão. Com vários materiais ou circunstâncias de funcionamento, pensa-se que a erosão por partículas sólidas proporciona resultados diferentes. As combinações ideais de parâmetros de funcionamento devem ser consideradas para proporcionar aos revestimentos o melhor resultado funcional, ao mesmo tempo que apresentam o resultado desejado. Os seus efeitos na taxa de desgaste por erosão ou na perda de massa do revestimento distinguem frequentemente estas combinações de interdependência entre si. A relação e a interferência entre as variáveis e os seus impactos no desgaste é um dos desafios no controlo da perda por desgaste num processo deste tipo. Este capítulo examina os resultados experimentais sobre o comportamento do desgaste por erosão de revestimentos de Stellite 6 produzidos em várias circunstâncias de funcionamento. A influência de cada fator na taxa de erosão e na perda de volume do revestimento é registada. É utilizado um modelo de previsão de computação suave, o Sistema de Inferência Neuro-Fuzzy Adaptativo (ANFIS), para considerar todos os factores de influência e identificar o fator mais significativo responsável pelo prognóstico do desgaste. A eficácia dos resultados do modelo de previsão ANFIS é verificada com os resultados teóricos e experimentais.

5.2. O modelo ANFIS

O ANFIS é uma integração das arquitecturas ANN e FIS, explorando assim as vantagens de ambas. Considera a capacidade de aprendizagem da RNA e utiliza o FIS para prever os parâmetros do modelo desejado com base nas regras difusas "se-então", utilizando funções de associação (MF) adequadas. Enquanto a NN capta as inferências de previsão utilizando pesos de ligação, o ANFIS estabelece as regras de linguagem difusa para concluir.

O ANFIS tem cinco camadas com a estrutura apresentada na Figura 5.1, com duas entradas a e b. Neste caso, as entradas são transformadas em funções de membro (MF) que podem ser gaussianas, em forma de sino, triangulares, etc., e fornecem a saída desejada.

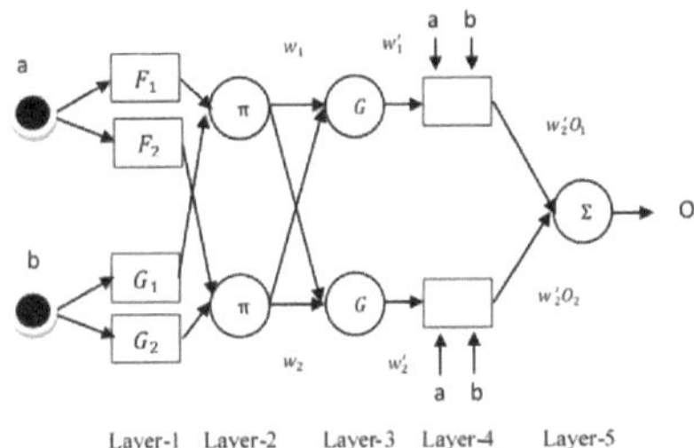

Figura 5.1: A estrutura do ANFIS

Na Figura 5.1, os blocos quadrados e circulares representam os nós adaptativos e fixos, respetivamente, para estruturas de duas entradas e uma saída. Da mesma forma, a estrutura pode ser desenvolvida para quatro entradas escolhidas neste trabalho. A variável w representa a saída de um nó, enquanto as variáveis F e G estão associadas aos conjuntos fuzzy correspondentes às entradas a e b respetivamente. A função de associação em forma de sino é dada por

$$\mu_{F_i}(a) = \frac{1}{1+|(a-c_1)/a_1|^{2G_1}}$$ (5.1)

Onde a_1, b_1, e c_1 são os parâmetros da premissa e são modificáveis. Da mesma forma, os $\mu_{G_i}(b)$ correspondente à entrada b podem ser calculados.

Na segunda camada, os MFs são os que dão a saída $w_i = \mu_{F_i}(a)\mu_{G_i}(b), i = 1, 2...$ são o número de entradas. A média das forças de disparo ou dos produtos é o resultado da terceira camada e é dada por

$$w_i' = w_i/\sum w_i, i = 1, 2$$ (5.2)

Na quarta camada, os nós utilizam a ponderação da equação anterior (fator de rácio). No processo, a saída é estimada utilizando as regras difusas "se-então". Por exemplo, utilizando os parâmetros modificáveis consequentes p_i, q_i, e r_i as regras podem ser formadas para duas entradas como

Regra-1: Se a é F_1 e b é G_1 então a saída final na quinta camada é $O_1 = p_1 a + q_1 b + r_1$

Regra-2: Se a é F_2 e b é G_2 então a saída final na quinta camada é $O_2 = p_2 a + q_2 b + r_2$.

A saída da camada 5 com nós fixos e duas entradas pode ser representada como

$$O_{5,i} = O_{out} = \sum_i w_i' \cdot O_i = w_i'(p_i a + q_i b + r_i), i = 1, 2$$

$$(5.3)$$

A Tabela 5.1 apresenta os parâmetros escolhidos considerados durante a simulação ANFIS para obter o valor optimizado da perda de volume da erosão.

Tabela 5.1: Diferentes parâmetros considerados durante a simulação ANFIS

Parâmetros diferentes	Valores
Tamanho total dos dados	80 observação/insumo$\times$ 4 entradas
Tamanho dos dados de treino	56 observação/insumo$\times$ 4 entradas
Tamanho dos dados de teste	24 observação/insumo$\times$ 4 entradas
N.º de épocas	100
Função de afiliação	Gaussiano
Método de otimização	Retropropagação
Tolerância de erro	0

5.3. Resultados e discussão

Este trabalho adopta um procedimento em duas etapas para o ajuste dos parâmetros da rede e aumenta a velocidade de aprendizagem. A primeira etapa utiliza os parâmetros de premissa fixos para retropropagar a informação para a quarta camada. Os parâmetros importantes são identificados utilizando um estimador de mínimos quadrados. A segunda etapa também utiliza os parâmetros fixos escolhidos na passagem para trás durante a propagação do erro. Neste caso, o algoritmo de descida de gradiente foi utilizado para modificar os parâmetros de premissa. Uma descrição mais pormenorizada do algoritmo de aprendizagem ANFIS está disponível em (Jang e Sun, 1995).

A presente experiência considera três amostras de diferentes espessuras de revestimento para estudar o processo de erosão sólida com um diâmetro médio de partícula erodente de 50 µm e uma velocidade de impacto de 100 m/s. Os três espécimes utilizados para a análise experimental utilizando diferentes espessuras de revestimento em chapas de aço inoxidável laminadas de 3 mm são

- Provete-1 com uma espessura de revestimento de 74 µm
- Provete-2 com uma espessura de revestimento de 128 µm
- Provete-3 com uma espessura de revestimento de 215µm

A fractografia da superfície fracturada dos três espécimes que foram submetidos a testes num triboteste de erosão por jato de ar à temperatura ambiente é mostrada na Figura 5.2 num ângulo de impacto normal e utilizando alumina como erodente. As crateras indicam a perda de material da superfície revestida e também afectam o material de base do aço inoxidável. A partir desta figura, pode ver-se que o espécime-1, com 74 microns de revestimentos de Stellite, sofreu o menor atrito de material contra a perda de volume por erosão e tem as melhores propriedades de resistência ao desgaste em comparação com os outros espécimes de ensaio à temperatura ambiente.

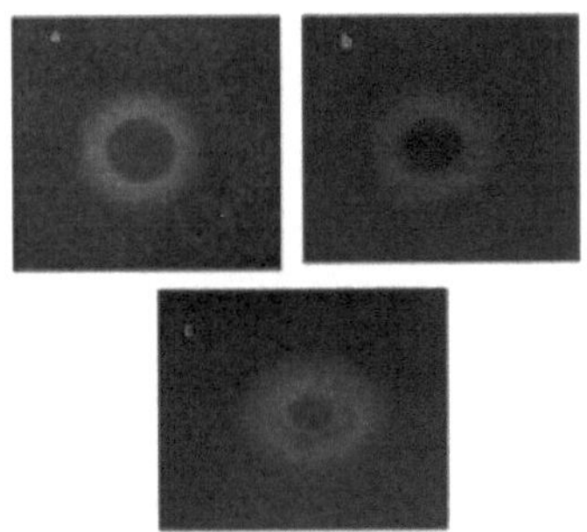

Figura 5.2: Espécimes com diferentes espessuras de revestimento corroídos à temperatura ambiente (a. Espécime1,b. Espécime 2, c. Espécime3)

O resultado experimental da perda de volume por erosão é calculado através da média de três ensaios de três tipos de amostras revestidas. Este resultado médio da perda de volume por erosão obtido através de um triboteste de jato de ar para erosão é posteriormente comparado com a perda de volume por erosão teórica e prevista pelo ANFIS para determinar a eficiência da espessura do revestimento que proporciona uma perda de volume por erosão eficaz.

Sheldon e Kanhere (1972) desenvolveram um modelo matemático através da realização de experiências de desgaste para prever a erosão de partículas sólidas num material dúctil. A perda de volume (Y) em metais sujeitos a erosão pode ser expressa matematicamente como

$$Y = \frac{Dp^3 Vp^3 (\rho_p)^{3/2}}{H_V^{3/2}} \tag{5.4}$$

Em que $\quad D_p$ = Diâmetro das partículas do erodente

V_p = Velocidade da partícula erodente

ρ_p = Densidade do erodente

H_V = Dureza de Vicker da partícula

Seguindo o modelo matemático expresso para a perda de volume em metais, foi efectuada uma análise teórica e previsional utilizando a programação MATLAB R2016B, considerando a perda de volume erosiva Y como saída e em função do diâmetro da partícula (D_p), da velocidade das partículas (V_p), da densidade das partículas (ρ_p) e da dureza (H_V) do erodente como parâmetros de entrada. Ao alterar os valores de todos os parâmetros numa gama adequada, foram obtidos 320 resultados teóricos de perda de volume de erosão correspondentes a um conjunto diferente de entradas. No modelo ANFIS proposto, havia quatro entradas para prever a perda de volume por erosão Y como resultado, utilizando a fórmula prevista por Sheldon e Kanhere (1972).

A perda de volume teórica foi calculada alterando adequadamente todas as entradas. Para o modelo ANFIS, é mantido um rácio de divisão dos dados de treino e validação de 70% (224 conjuntos de dados) para 30% (96 conjuntos de dados). A saída prevista do ANFIS é estimada utilizando as quatro entradas teóricas e uma única saída. Os erros de treino e de teste são calculados subsequentemente. O erro de treino, juntamente com a saída do FIS, é simulado e é apresentado na Figura 5.3. O modelo é treinado com 100 épocas utilizando o particionamento da grelha. Observa-se que o erro de treino é inicialmente de $7,55 \times 10^{-9}$, que é reduzido para $2,19 \times 10^{-8}$ após três épocas, tendo convergido e permanecido constante desde então.

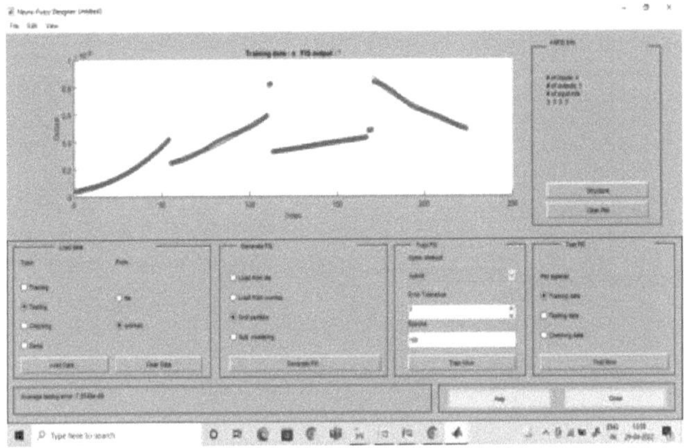

Figura 5.3: O erro de treino do ANFIS e o resultado do FIS

O visualizador de regras correspondente à perda de volume erosiva Y como saída e quatro entradas como diâmetro da partícula (D_p), velocidade das partículas (V_p), densidade das partículas (ρ_p), e dureza (H_V) é apresentado na Figura 5.4. Existem $3^4 = 81$ regras difusas que correspondem a quatro entradas e três funções de afiliação como mínimo, média e máximo, que podem ser visualizadas nesta figura para estudar os valores nítidos da saída de um espécime escolhido. Podem ser desenvolvidas visualizações de regras semelhantes utilizando o ANFIS para os outros dois espécimes escolhidos.

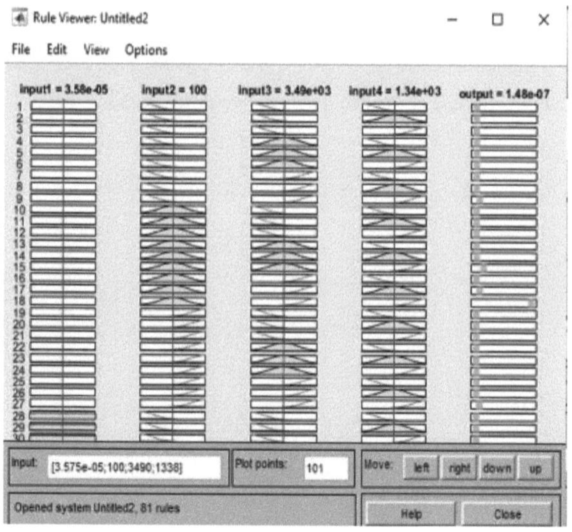

Figura 5.4: Visualizador de regras da perda de volume da erosão com os parâmetros escolhidos durante o treino ANFIS

O erro percentual RMSE entre os valores de saída teóricos e experimentais é

$$Error(\%)(e1) = \frac{|Theoretical - Experimental|}{Theoretical} \times 100 \tag{5.5}$$

Da mesma forma, a % RMSE entre os valores de saída teóricos calculados e previstos pelo ANFIS é estimada como

$$Error(\%)(e2) = \frac{|Theoretical - Predicted|}{Theoretical} \times 100 \tag{5.6}$$

Analogamente, a % RMSE entre os valores de saída experimentais e previstos calculados e previstos pelo ANFIS é estimada como

$$Error(\%)(e3) = \frac{|Experimental - Predicted|}{Experimental} \times 100 \tag{5.7}$$

O valor médio da perda de volume por erosão é calculado como

$$Average\ erosion\ volume\ loss = \frac{1}{N}\sum_{n=1}^{N} number\ of\ observations \tag{5.8}$$

Onde $n = 1, 2, \dots, N$ representa o número de observações.

A Figura 5.5 compara os resultados teóricos e os resultados do modelo ANFIS para todos os provetes. Para visualizar a eficácia do modelo de previsão proposto, é efectuada uma comparação entre os valores de saída teóricos e os previstos pelo ANFIS. A perda de volume média utilizando o modelo de perda previsto foi de 4,46 × 10^{-7} m^3 , enquanto que a perda devida à análise teórica foi calculada em 4,55 × 10^{-7} m $_3$

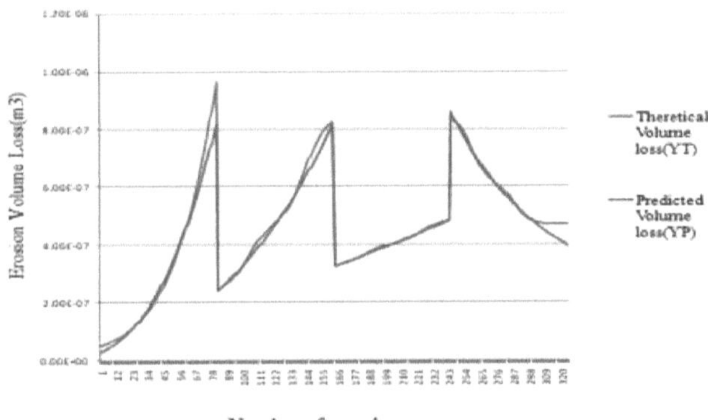

Figura 5.5: Número de amostras Vs Perda de volume por erosão para os valores teóricos (Y_T) e valores previstos (ANFIS) (Y_P)

A figura acima justifica a proximidade entre a perda volumétrica por erosão prevista e optimizada utilizando o ANFIS e a perda volumétrica teórica. O modelo ANFIS proposto obteve um erro RMS inferior de 1,97% na previsão da perda de volume por erosão do material experimental desenvolvido, utilizando todos os dados calculados.

A Figura 5.6 mostra abaixo a comparação da perda volumétrica média por erosão experimental, teórica e prevista pelo ANFIS para o espécime-1. Os valores obtidos da perda de volume de erosão média experimental (Y_E), perda de volume de erosão teórica (Y_T) e a perda de volume de erosão prevista (Y_P) para o provete-1 são 4,47 × 10^{-7} m^3 , 4,78 × 10^{-7} m^3 , e 4,74 × 10^{-7} m^3 respetivamente. Pode observar-se que o valor previsto está muito próximo do valor teórico em comparação com o valor experimental. Assim, o ANFIS pode prever a perda de volume por erosão do espécime-1 e otimizar a saída de forma correspondente. No entanto, os resultados experimentais

101

foram efectuados num cenário em tempo real, maximizando assim o erro, embora este seja escasso, como se pode ver nesta figura.

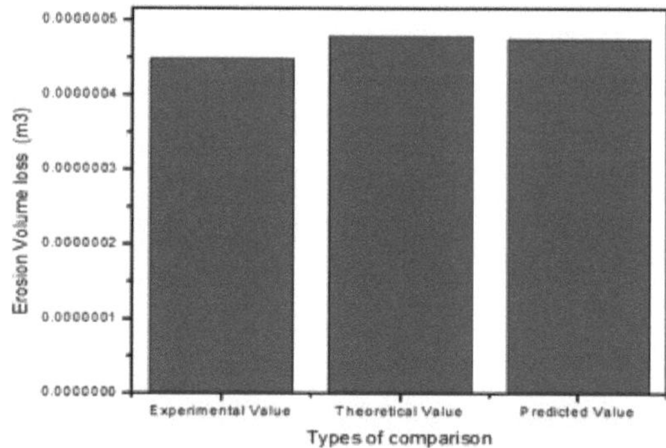

Figura 5.6: Comparação da perda de volume por erosão de diferentes tipos de análise

Para o espécime-1 (Experimental, Teórico e Previsto)

A Figura 5.7 e a Figura 5.8 comparam a perda de volume média por erosão experimental, teórica e prevista pelo ANFIS para o espécime-2 e o espécime-3, respetivamente.

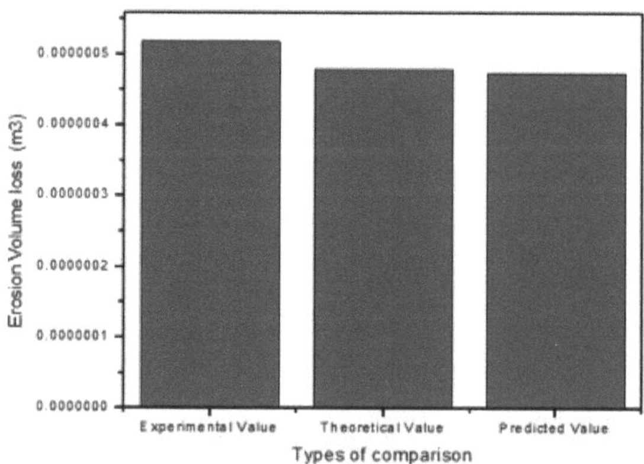

Figura 5.7: Comparação da perda de volume por erosão de diferentes tipos de análise

análise

Para o espécime-2 (Experimental, Teórico e Previsto)

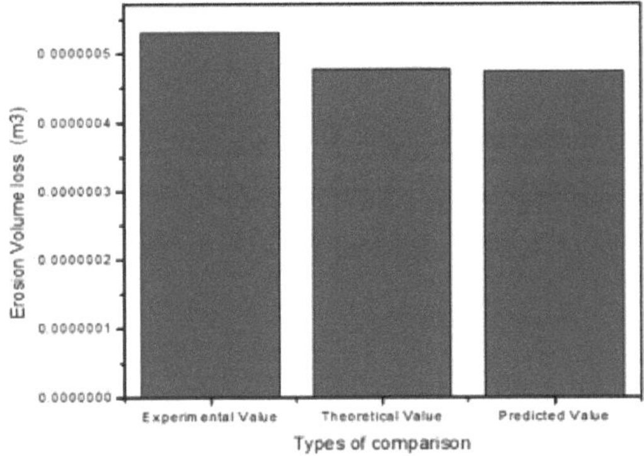

Figura 5.8: **Comparação da perda de volume por erosão de diferentes tipos de**

análise

Para o espécime-3 (Experimental, Teórico e Previsto)

A Tabela 5.2 apresenta o valor calculado do erro RMSE para diferentes espécimes.

Tabela 5.2: Os diferentes valores de erro RMSE para diferentes espécimes

Sl N	Espessura de revestimento das amostras	Tipos de erro RMSE ou Percentagem de erro (%)		Observação
1	Espécime-1 (74µm)	e_1	6.48	Menor perda de volume por desgaste por erosão
		e_2	0.836	
		e_3	6.04	
2	Espécime-2 (128µm)	e_1	7.49	Maior perda de volume por desgaste por erosão
		e_2	0.836	
		e_3	8.139	
3	Espécime-3 (215µm)	e_1	10.87	Maior perda de volume por
		e_2	0.836	
		e_3	10.56	

				desgaste por erosão

O modelo ANFIS desenvolvido foi comparado com o modelo teórico e o modelo experimental para validar a tarefa pretendida. Pode inferir-se que o modelo ANFIS valida e prevê de forma óptima todos os espécimes escolhidos e utilizados neste trabalho.

5.4 Resumo

Três provetes diferentes com uma espessura de revestimento de 74 µm, 128 µm e 215 µm foram fabricados com êxito, adoptando a tecnologia de fabrico aditivo, depositando "pó de Stellite 6 à base de cobalto em substrato de aço inoxidável de grau 304 sem qualquer camada de ligação intermédia através da técnica de pulverização por plasma. Estes provetes foram submetidos a ensaios de erosão de partículas duras irregulares sólidas num tribo-tester de erosão por jato de ar à temperatura ambiente com o valor paramétrico de ensaio idêntico de alumina como erodente Foi desenvolvida uma análise teórica utilizando o modelo de Sheldon de erosão dúctil, variando todos os parâmetros de entrada num intervalo adequado. Foi então desenvolvido um modelo de otimização ANFIS e optimizada a perda de volume de erosão de saída. O ANFIS fornece os valores de saída mais optimizados. O erro percentual entre a perda de volume de saída teórica média e a perda de volume prevista pelo ANFIS foi de 1,97% e os parâmetros em que as experiências foram efectuadas foram de cerca de 0,836%. O provete-1 com 74 µm de espessura de revestimento apresenta a menor perda de volume em comparação com os outros provetes e tem as melhores caraterísticas de resistência ao desgaste erosivo.

Capítulo 6

TÉCNICA DE DECISÃO

6.1. Visão geral

Os espécimes com diferentes espessuras de revestimento de Stellite 6 em aço inoxidável SS 304 foram preparados pelo processo de pulverização por plasma. Todos os espécimes foram submetidos a diferentes processos de caraterização para estudar o comportamento físico, mecânico e funcional. Observa-se que uma espessura de revestimento com 74 μm de deposição proporciona excelentes propriedades de resistência à erosão a todas as temperaturas com ângulo de impacto normal, uma espessura de revestimento com 128 μm de deposição proporciona a melhor resistência mecânica e uma espessura de revestimento com 215 μm de deposição proporciona excelentes propriedades de resistência à corrosão. Assim, é necessária uma ferramenta de identificação estratégica para selecionar o espécime que pode ser aplicado considerando simultaneamente a corrosão, a erosão a altas temperaturas e a dureza. Para este efeito, é utilizada uma abordagem de tomada de decisão com análise tri-vetorial e de peneiração para selecionar o espécime adequado. Este capítulo apresenta as técnicas de identificação de gestão acima referidas e utiliza-as para encontrar o melhor provete adequado, tendo em conta os parâmetros acima referidos e o custo da preparação.

6.2. Análise tri-vetorial e análise do crivo tecnológico

A análise tri-vetorial e a análise de crivo tecnológico são ferramentas de decisão para isolar os parâmetros responsáveis pela falha dos componentes sujeitos a muitas facetas interactivas de parâmetros funcionais. Trata-se de um algoritmo tridimensional de tomada de decisões utilizado para identificar a amostra ou o produto adequado, tendo em conta três parâmetros importantes numa matriz vetorial. Estes dois domínios são ferramentas de gestão inter-relacionadas, utilizadas individual ou coletivamente para encontrar o espécime ou produto mais adequado que pode passar por três parâmetros de influência responsáveis pela falha em aplicações industriais. A análise do crivo tecnológico e do crivo económico é adoptada principalmente para selecionar um componente para utilização na indústria, a fim de obter um melhor fator

105

de esperança de vida, tendo em conta os parâmetros de funcionamento durante a operação. Neste processo, as variáveis são peneiras individuais através das quais o material tem de passar para previsão na gestão do equipamento centrada na fiabilidade. [133]

Este método de análise tri-vetorial é adotado na presente análise para isolar e otimizar a espessura do revestimento, tendo em consideração a prevalência do desgaste, da corrosão e da microdureza da espessura do revestimento. Os gráficos tri-vectoriais são traçados para compreender a adequação destes três parâmetros físicos responsáveis principalmente pela falha dos componentes. O desgaste normal, ligeiro e severo é identificado através da análise do crivo tecnológico para a tomada de decisões. A utilização bem sucedida da manutenção preditiva pode melhorar significativamente o resultado final, reduzindo o tempo de inatividade não programado da máquina/processo, optimizando as variáveis do processo e aumentando a produtividade e a fiabilidade. [134] Bandyopadhyay et al. investigaram a utilização de sistemas de monitorização do estado do óleo para aumentar o fornecimento de equipamento essencial em siderurgias[135].

6.3. Resultados e discussão

6.3.1 Técnica de monitorização do estado tri-vetorial para a seleção do melhor provete

A Tabela 6.1 representa a análise do crivo tecnológico considerando três parâmetros como a erosão, a corrosão e a microdureza. Pode ver-se na Tabela 6.1 que o espécime 1 tem excelentes propriedades de resistência ao desgaste erosivo, mas tem uma fraca resistência à corrosão e propriedades de microdureza. Do mesmo modo, o provete 2 apresenta propriedades superiores de resistência ao desgaste e à corrosão, ao passo que tem excelentes propriedades de microdureza. Analogamente, o provete 3 apresenta uma caraterística de resistência ao desgaste erosivo muito fraca com uma resistência à corrosão superior e uma propriedade de microdureza moderada.

Tabela 6.1: Tabela de análise do crivo tecnológico para todas as amostras revestidas com Stellite 6 e considerando parâmetros como erosão, corrosão e microdureza

	Erosion	Corrosion	Microhardness
Best	1	3	2
Better	2	2	3
Good	3	1	1

A partir desta análise de crivo tecnológico, pode ver-se que cada amostra pode passar pelos parâmetros de desgaste, corrosão e micro-dureza, independentemente da espessura do revestimento. Mais uma vez, pode inferir-se que nenhuma espessura de revestimento é adequada para aplicações de desgaste, corrosão e dureza. Assim, é necessário desenvolver uma interface de tomada de decisões criteriosa para selecionar a espessura do revestimento de Stellite 6 aplicado num material de aço inoxidável, tendo em consideração os três parâmetros funcionais, tais como o desgaste, a resistência à corrosão e a retenção da resistência do revestimento. Considerando todos os parâmetros, todos os espécimes são representados num triângulo vetorial. As cores verde, amarela e vermelha são indicativas das condições normais, cautelosas e severas que prevalecem em funcionamento. O código de cores é utilizado para verificar a adequação de todos os espécimes no caso da avaliação das propriedades de resistência à erosão e à corrosão e da microdureza para avaliação da resistência.

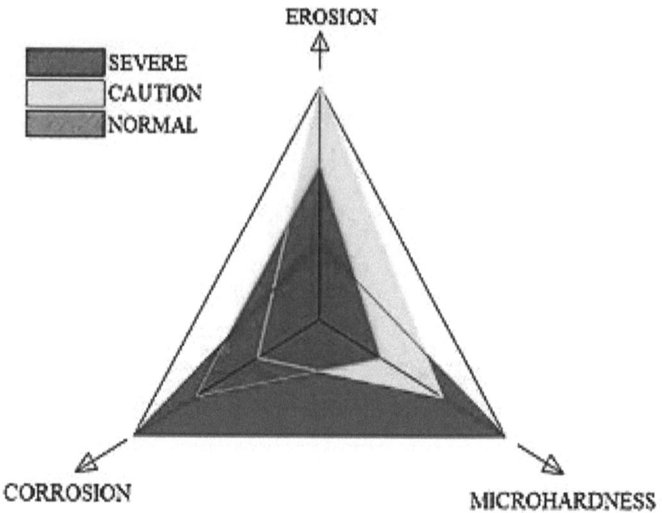

Figura 6.1: Gráfico tri-vetorial para todos os espécimes revestidos com Stellite 6 e considerando parâmetros como erosão, corrosão e microdureza

A Figura 6.1 mostra um gráfico tri-vetorial, considerando os parâmetros de erosão, corrosão e microdureza, utilizando o código de cores. A matriz vetorial para o provete 1, o provete 2 e o provete 3 é [1 3 3], [2 2 1] e [3 1 2], respetivamente, e está representada na Figura 6.1. Combinando a Tabela 6.1 e a Figura 6.1, pode inferir-se que o espécime 2 é o mais adequado para utilização e opera predominantemente na zona de cor verde, o espécime 1 é o mais inadequado para utilização e é vermelho, e o espécime 3 situa-se no meio e opera na zona de cor amarela.

Da mesma forma, a Tabela 6.2 representa a tabela de análise de peneira tecnológica considerando três parâmetros, como erosão, corrosão e temperatura de operação. Considerando dois parâmetros, erosão e temperatura, o espécime 1 dá um resultado superior, mas tem propriedades de resistência à corrosão fracas. Da mesma forma, o espécime 3 tem a melhor propriedade de resistência à corrosão, mas tem um desempenho muito fraco no caso da erosão e da temperatura. Mas o espécime 2 tem propriedades moderadas, considerando os três parâmetros funcionais de funcionamento.

Tabela 6.2: Tabela de análise do crivo tecnológico para todas as amostras revestidas com Stellite 6 e considerando parâmetros como a erosão, a corrosão e a temperatura

	Erosion	Corrosion	Temperature
Best	1	3	1
Better	2	2	2
Good	3	1	3

Um gráfico tri-vetorial é desenhado como se mostra na Figura 6.2, considerando todos os parâmetros funcionais, tais como erosão, corrosão e temperatura para os espécimes revestidos com Stellite 6. Considerando os parâmetros acima referidos, a matriz vetorial para o espécime 1, o espécime 2 e o espécime 3 é [1 3 1], [2 2 2] e [3 1 3], respetivamente, e está representada na Figura 6.2. O provete 2 fornece o melhor resultado para utilização em todas as condições acima referidas e é colocado na cor verde, o provete 3 é o provete mais inadequado para utilização e traduz-se na cor vermelha, enquanto o provete 1 se situa no meio e na zona de cor amarela.

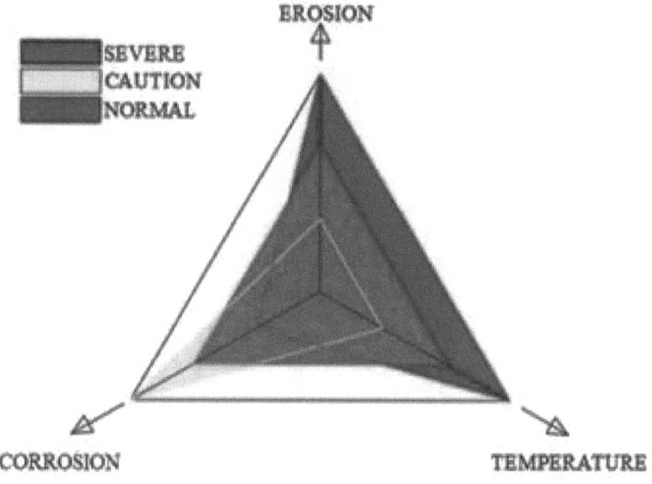

Figura 6.2: Gráfico tri-vetorial para todos os espécimes revestidos com Stellite 6 e considerando parâmetros como erosão, corrosão e temperatura

A análise da peneira tecnológica para três espécimes que passam por cada carácter é mostrada na Figura 6.3 (A). As caraterísticas são consideradas variáveis paramétricas na presente investigação. Assim, o desgaste erosivo, a corrosão, a microdureza e a temperatura são considerados como quatro parâmetros durante a experiência. Todos os espécimes como entradas passam por cada parâmetro ou processo e o melhor espécime como saída é mostrado na Figura 6.3 (A). Como se pode ver na Tabela 6.1 e na Tabela 6.2, o espécime 1 possui a melhor propriedade de resistência ao desgaste erosivo a todas as temperaturas, o que também é ilustrado na Figura 6.3 (A). O provete 2 possui uma excelente resistência mecânica e o provete 3 possui excelentes propriedades de resistência à corrosão.

110

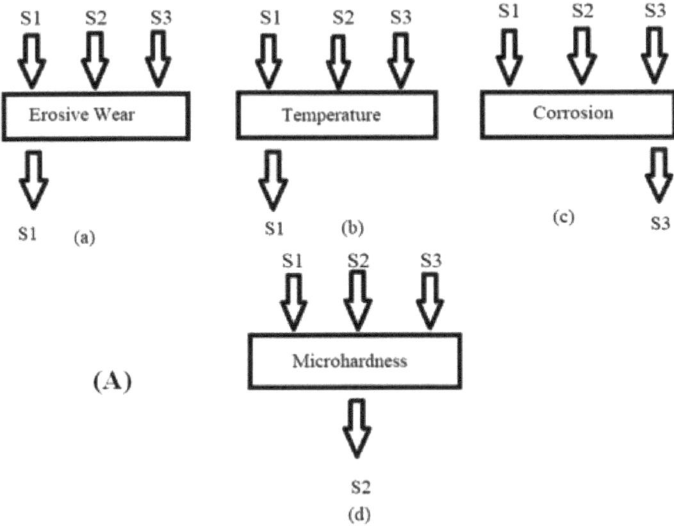

Figura 6.3 (A): Análise do crivo tecnológico para todos os espécimes que passam pelas variáveis (a) Desgaste erosivo, (b) Temperatura, (c) Corrosão, (d) Microdureza

A Figura 6.3 (B) representa a análise do crivo tecnológico para todos os espécimes que passam por todos os parâmetros. Todos os processos, como o desgaste erosivo, a corrosão, a microdureza e a temperatura, são combinados e cada espécime, como entrada, passa por todos os processos combinados. Como se observa na Tabela 6.1 e na Tabela 6.2 e na Figura 6.1 e na Figura 6.2, o espécime 2 apresenta microdureza superior, propriedades resistentes à corrosão e propriedades resistentes à erosão a todas as temperaturas. Além disso, é mais económico preparar o espécime 2 do que o espécime 3. Assim, o espécime 2 é o material mais adequado para utilização na aplicação atual.

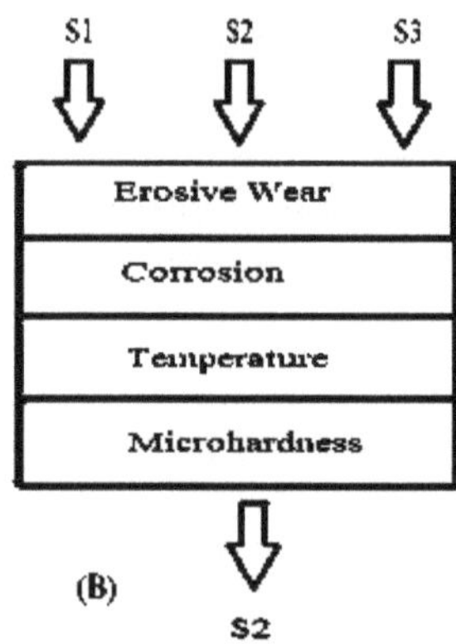

Figura 6.3: (B).Análise granulométrica tecnológica para todos os provetes que passam por todas as variáveis

6.4. Resumo

A forma regular do pó de Stellite 6 com 25 mícrones de tamanho foi depositada com sucesso numa placa de aço inoxidável AISI 304 laminada com 3 mm através do processo de deposição por plasma atmosférico na presença de árgon sem qualquer camada intermédia. Foram fabricados três revestimentos diferentes através da adoção de um processo de fabrico aditivo com sobreposições de camadas cruzadas. A espessura do revestimento foi medida utilizando o microscópio eletrónico de varrimento.

A microdureza da amostra revestida depositada foi medida para caraterizar o revestimento. As amostras de teste foram cortadas utilizando uma máquina de descarga de eléctrodos de arame (WEDM) para a realização de análises funcionais para a caraterização do desgaste erosivo e do comportamento de corrosão. A partir dos resultados dos testes, observou-se que os produtos revestidos com pó de Stellite 6 apresentam propriedades superiores de desgaste e corrosão em comparação com o aço inoxidável AISI 304 de origem. Um aumento da temperatura tem um efeito prejudicial na resistência ao desgaste.

Observou-se ainda que nenhuma espessura de revestimento isolada apresenta propriedades superiores de desgaste, corrosão e microdureza. Os gráficos tri-vectoriais e a análise de crivos tecnológicos foram utilizados para isolar a melhor aplicação funcional para a realização do revestimento numa matriz 3 × 3. No entanto, o espécime revestido com 128 µm de espessura é eficiente e económico e tem as propriedades de resistência ao desgaste e à corrosão mais superiores em comparação com outros espécimes revestidos.

Capítulo 7

CONCLUSÕES E ÂMBITO FUTURO DA INVESTIGAÇÃO

7.1. Conclusões

A modificação da superfície do aço inoxidável AISI 304 é efectuada através da deposição de pó de Stellite 6 à base de cobalto. O processo de deposição por pulverização de plasma atmosférico é utilizado para o revestimento de "pó de Stellite 6" em aço inoxidável AISI 304 diretamente sem qualquer camada intermédia. São selecionados para o revestimento três espécimes de aço laminado de 3 mm com dimensões de 100 mm × 60 mm e a espessura da película do revestimento é variada utilizando um processo de fabrico aditivo. A espessura da película foi medida e obtida em 74 mícrones, 128 mícrones e 215 mícrones, respetivamente, com três, cinco e nove camadas de deposições. Pode concluir-se que estão a ser depositados cerca de 25 microns por cada camada de deposição. A densidade, a porosidade, a rugosidade da superfície, a microestrutura e as propriedades de resistência à corrosão são estudadas à temperatura ambiente. A perda de volume devido à erosão, a taxa de desgaste por erosão, a microestrutura e a topografia da superfície de amostras erodidas a diferentes temperaturas com um ângulo de impacto de 90^0 também são investigadas. Foram efectuados ensaios de erosão à temperatura ambiente, a 300^0 C e a 600^0 C para determinar a adequação da utilização de produtos de revestimento a temperaturas de funcionamento elevadas. Seguem-se algumas das principais conclusões que podem ser retiradas da presente investigação.

1. A densidade, a porosidade e a rugosidade da superfície de todos os espécimes revestidos foram determinadas utilizando procedimentos padrão de expressões matemáticas e instrumentos de medição. Os espécimes revestidos são constituídos por Cr C_{236} , Cr $C_{73,}$ e CrO, bem como por solução sólida de cobalto, conforme observado pela técnica de difração de raios X. A partir das imagens da micrografia SEM, observa-se que a microestrutura do revestimento é constituída principalmente por

constituintes de cobalto e crómio, que conferem resistência ao revestimento
e são responsáveis por conferir caraterísticas de resistência ao desgaste. No
entanto, também se observa uma pequena quantidade de tungsténio a partir
do EDS, que proporciona uma resistência adicional, resultando em mais
propriedades de resistência ao desgaste.

2.   A microdureza de diferentes amostras revestidas é medida e verificada. O
revestimento de Stellite 6 no material de base (aço inoxidável AISI 304)
proporciona um aumento significativo da microdureza em todos os
provetes. Os valores de microdureza Vickers do espécime 2 e do espécime
3 são quase idênticos, o valor de microdureza da espessura mais baixa da
película de revestimento também tem o resultado mais baixo, enquanto o
espécime 2 fornece o melhor resultado de microdureza. A presença de
carbonetos de crómio mais finos dominantes, obtidos por endurecimento
por precipitação, é responsável pelo aumento da dureza do revestimento.

3   O aço inoxidável do tipo AISI 304 apresenta excelentes propriedades de
resistência à corrosão em comparação com outros tipos de materiais de
ferro e aço. Em todos os espécimes revestidos, observa-se uma melhoria
marginal de 25% na resistência à corrosão para o espécime 1, enquanto que
uma melhoria substancial é observada para os espécimes 2 e 3. A melhoria
na resistência à corrosão da ordem dos 300% é alcançada para o espécime
3 com uma espessura de revestimento de 215 mícrones. A presença de
crómio no revestimento de Stellite 6 é responsável pela melhoria das
propriedades de resistência à corrosão de todos os provetes. O revestimento
com pó de Stellite 6 no aço inoxidável resultou numa melhoria definitiva
das propriedades de resistência à corrosão para todas as amostras,
independentemente da espessura do revestimento

4.   O "ensaio de erosão de partículas sólidas" é realizado através de um
triboteste de "erosão por jato de ar" com um ângulo de impacto de 90^0 e à
temperatura ambiente, 300^0 C e 600^0 C, respetivamente. A perda
volumétrica de material devido à erosão é mínima para a amostra operada
a 300^0 C em comparação com a temperatura ambiente e 600^0 C. O aço
inoxidável de grau AISI 304 revestido com pó de Stellite 6 não apresenta

qualquer resistência à erosão quando experimentado a 600 graus Celsius e não deve ser considerado para utilização na indústria. Por outro lado, tem uma excelente propriedade de resistência ao desgaste por erosão quando o produto é utilizado a 300^0 C.

5.   A perda de volume por erosão à temperatura ambiente é comparada com o modelo de Sheldon-Kanhere (1972). É desenvolvida uma análise teórica da perda de volume por erosão utilizando o software MATLAB-2016 e é utilizada uma técnica de otimização Adaptive Neuro-Fuzzy Interference System (ANFIS) para encontrar a perda de volume ideal para diferentes amostras. Conclui-se que o espécime 1 com 74 microns de espessura de revestimento possui a melhor resistência ao desgaste erosivo.

6.   Verifica-se um aumento da resistência à erosão em todas as amostras revestidas devido à formação de carbonetos metálicosCr C_{236} , e Cr C_{73} . Um aumento da temperatura tem um efeito prejudicial na resistência ao desgaste. Um aumento marginal na resistência à erosão é obtido para o espécime 1 com 74 microns de espessura de revestimento a todas as diferentes temperaturas acima mencionadas, que é o melhor espécime para aplicação de desgaste erosivo.

7.   A partir da pesquisa, observa-se que o espécime 2 possui a melhor propriedade mecânica (microdureza), o espécime 3 possui excelentes propriedades de resistência à corrosão e o espécime 1 possui excelente resistência à erosão em todas as temperaturas. Assim, é utilizada uma técnica de identificação conhecida como análise tri-vetorial para a otimização da espessura do revestimento, tendo em conta a aplicação no desgaste erosivo, a temperatura, a microdureza e a corrosão. O espécime2 com 128 μm de espessura é o espécime mais adequado para todas as aplicações acima referidas e é também o mais económico de todos os espécimes através do processo de deposição por pulverização de plasma atmosférico.

7.2. Âmbito adicional da investigação

1. O aço inoxidável de grau AISI 304 é identificado como o material de substrato na presente investigação. Também podem ser utilizados diferentes graus de material SS como substrato.

2. A Stellite 6, à base de cobalto, foi selecionada como material de revestimento. Podem ser selecionados diferentes graus de Stellite como material de revestimento.

3. Na investigação, o processo de deposição por pulverização de plasma é adotado para o revestimento de Stellite 6 em aço inoxidável. Podem ser utilizados outros métodos de revestimento, como o processo de deposição física de vapor (PVD), o processo de deposição química de vapor (CVD), o processo oxi-combustível de alta velocidade (HVOF), o revestimento por laser, a soldadura por arco de tungsténio gasoso (GTAW), a soldadura por arco com transferência de plasma (PTA), etc.

4. O revestimento foi efectuado sem qualquer camada tampão (camada de ligação). Pode ser identificado um material de camada de ligação que proporcione uma melhor caraterística no comportamento do revestimento (dureza da superfície, rugosidade da superfície, caraterísticas de descolamento do revestimento)

5. Foi efectuada uma análise experimental para determinar a erosão no revestimento. Os parâmetros responsáveis podem ser variados para obter vários valores de erosão (velocidade, erodente, diâmetro do bocal, distância do bocal à peça de trabalho, temperatura de funcionamento, pré-aquecimento do substrato, etc.)

6. Outras facetas do desgaste, como a abrasão, podem ser estudadas no material revestido.

7. Podem ser efectuadas investigações metalúrgicas para concluir as razões que contribuem para o desgaste.

8. Podem ser utilizadas outras técnicas de otimização, como o método Taguchi, a rede neural artificial (RNA), a Fuzzylogy, etc., para encontrar a espessura óptima do revestimento.

9.   Para corroborar as conclusões, pode ser efectuado um ensaio no sector.

10.   Uma combinação de diferentes elementos metálicos pode ser adicionada
       ao pó à base de cobalto para obter um grau diferente da família Stellite.
       Este pó pode ser depositado no substrato e o seu comportamento de
       desgaste pode ser analisado. É bem sucedido no controlo do desgaste e
       pode ser patenteado.

REFERÊNCIA

1.   https://www.aalco.co.uk/datasheets/Stainless-Steel-Alloying-Elements-in-Stainless-Steel_98.ashx

2.   Kleis, I., & Kulu, P. (2007). *Solid particle erosion: occurrence, prediction and control (Erosão de partículas sólidas: ocorrência, previsão e controlo)*. Springer Science & Business Media.

3.   Marcus, P. (Ed.). (2011). *Mecanismos de corrosão em teoria e prática.* CRC press.

4.   Kohlstedt, D. L. (1973). A dependência da temperatura da microdureza dos carbonetos de metais de transição. *Journal of Materials Science, 8*(6), 777-786.

5.   Roy, M. (2006). Desgaste erosivo a temperaturas elevadas de materiais metálicos. *Journal of Physics D: Applied Physics, 39*(6), R101.

6.   Amateau, M. F., & Glaeser, W. A. (1964). Survey of materials for high-temperature bearing and sliding applications. *Wear, 7*(5), 385-418.

7.   https://www.ramlab.com ' materiais ' Stellite

8.   Inman, I. A., Rose, S. R., & Datta, P. K. (2006). Desenvolvimento de um mapa simples de desgaste "temperatura versus velocidade de deslizamento" para o comportamento de desgaste por deslizamento de interfaces metálicas dissimilares. *Wear, 260*(9-10), 919-932.

9.   Wei, X., Hua, M., Xue, Z., Gao, Z., & Li, J. (2009). Evolução da microestrutura induzida por fricção do aço inoxidável austenítico metaestável SUS 304 e sua influência no comportamento de desgaste. *Wear, 267*(9-10), 1386-1392.

10.   Guoqing, C., Xuesong, F., Yanhui, W., Shan, L., & Wenlong, Z. (2013). Microestrutura e propriedades de desgaste de revestimentos à base de níquel depositados por soldadura por arco com transferência de plasma. *Tecnologia de Superfícies e Revestimentos, 228*, S276-S282.

11.   Gao, C., Qu, N., He, H., & Meng, L. (2019). Micro-usinagem eletroquímica de fio duplo pulsado de aço inoxidável tipo 304. *Jornal de Tecnologia de Processamento de Materiais, 266*, 381-387.

12.   Li, Z. Y., Cai, Z. B., Zhou, T., Shen, X. Y., & Xue, G. H. (2019). Caraterísticas e mecanismo de formação de filme de óxido em aço inoxidável 304 em água a alta temperatura. *Química e Física dos Materiais, 222*, 267-274.

13.   Xu, G., Kutsuna, M., Liu, Z., & Zhang, H. (2006). Caraterísticas da camada de revestimento à base de Ni formada por processos de revestimento a laser e plasma. *Materials Science and Engineering: A, 417*(1-2), 63-72.

14.   Zhang, H., Shi, Y., Kutsuna, M., & Xu, G. J. (2010). Laser cladding of Colmonoy 6 powder on AISI316L austenitic stainless steel. *Nuclear engineering and design, 240*(10), 2691-2696.

15.   Hidalgo, V. H., Varela, J. B., Menéndez, A. C., & Martınez, S. P. (2001). Desgaste por erosão a alta temperatura de revestimentos de níquel-crómio pulverizados por chama e por plasma em atmosferas simuladas de caldeiras a carvão. *Wear, 247*(2), 214-222

16.   Liu, R. M. X. Y., Yao, M. X., Patnaik, P. C., & Wu, X. J. (2006). Um revestimento duro de PTA melhorado e resistente ao desgaste: VWC/Stellite 21. *Journal of composite materials, 40*(24), 2203-2215.

17.   Giacchi, J. V., Morando, C. N., Fornaro, O., & Palacio, H. A. (2011). Caracterização microestrutural de ligas Co-Cr-Mo biocompatíveis fundidas. *Caracterização de materiais, 62*(1), 53-61.

18.   Ahmed, R., Ashraf, A., Elameen, M., Faisal, N. H., El-Sherik, A. M., Elakwah, Y. O., & Goosen, M. F. A. (2014). Comportamento de nanoscratch de aspereza única de ligas HIPed e Stellite 6 fundidas. *Wear, 312*(1-2), 70-82.

19.   Apay, S., & Gulenc, B. (2014). Propriedades de desgaste do aço AISI 1015 revestido com Stellite 6 por soldadura microlaser. *Materials & Design, 55*, 1-8.

20.   Lertvijitpun, P., & Promdirek, P. (2015). Influência dos Parâmetros de Soldadura por Arco com Núcleo de Fluxo na Resistência à Erosão do Stellite 12. Em *Key Engineering Materials* (Vol. 658, pp. 91-95). Trans Tech Publications Ltd

21.   Ferozhkhan, M. M., Duraiselvam, M., & Ravibharath, R. (2016). Soldadura por arco transferido por plasma da liga Stellite 6 em aço inoxidável para resistência ao desgaste. *Procedia Technology, 25*, 1305-1311.

22.   Mirshekari, G. R., Daee, S., Bonabi, S. F., Tavakoli, M. R., Shafyei, A., & Safaei, M. (2017). Efeito de interlayers na microestrutura e resistência ao desgaste de revestimentos Stellite 6 depositados em aço inoxidável AISI 420 pela técnica GTAW. *Surfaces and Interfaces, 9*, 79-92.

23.   Zhai, L. L., Ban, C. Y., & Zhang, J. W. (2019). Microestrutura, microdureza e resistência à corrosão de revestimentos NiCrBSi sob revestimento a laser auxiliar de campo eletromagnético. *Tecnologia de Superfícies e Revestimentos, 358*, 531-538

24.   Szala, M., Walczak, M., Pasierbiewicz, K., & Kamiński, M. (2019). Mecanismos de erosão por cavitação e desgaste por deslizamento de filmes de AlTiN e TiAlN depositados em substrato de aço inoxidável. *Revestimentos, 9*(5), 340.

25.   Tamizhinian, V., & Chandramohan, P. (2020). Desenvolvimento do procedimento de revestimento duro Stellite 1 para placa de orifício de aço inoxidável SS 304 sem rachaduras. *O Jornal Internacional de Tecnologia de Fabricação Avançada, 110*(9), 2479-249218.

26.   Biswal, S. R., & Sahoo, S. (2020). Fabricação de compósitos híbridos à base de Al dispersos em WS2 processados por metalurgia do pó: Efeito da pressão de compactação e temperatura de sinterização. *Journal of Inorganic and Organometallic Polymers and Materials, 30*(8), 2971-2978.

27.   Cao, W., Hu, T., Fan, H., & Hu, L. (2021). Texturização de superfície a laser e comportamento tribológico sob lubrificação sólida em superfícies de

titânio e liga de titânio. *Jornal Internacional de Ciência e Engenharia de Superfícies*, *15*(1), 50-66.

28.   Zunake, L., & Kalyankar, V. D. (2021). Sobre o desempenho das caraterísticas de sobreposição de solda da deposição de Ni-Cr-Si-B em 304 ASS usando o processo sinérgico de pulso-GMAW. *Ciência e Tecnologia da Soldadura e União*, *26*(2), 106-115.

29.   Hearley, J. A., Little, J. A., & Sturgeon, A. J. (1999). O comportamento à erosão de revestimentos intermetálicos NiAl produzidos por projeção térmica oxi-combustível a alta velocidade. *Wear*, *233*, 328-333.

30.   Dent, A. H., Horlock, A. J., McCartney, D. G., & Harris, S. J. (2001). Microstructural characterisation of a Ni-Cr-BC based alloy coating produced by high velocity oxy-fuel thermal spraying. *Surface and Coatings Technology*, *139*(2-3), 244-250.

31.   Toma, D., Brandl, W., & Marginean, G. (2001). Comportamento de desgaste e corrosão de revestimentos de cermet pulverizados termicamente. *Surface and coatings technology*, *138*(2-3), 149-158.

32.   Deshpande, S., Sampath, S., & Zhang, H. (2006). Mechanisms of oxidation and its role in microstructural evolution of metallic thermal spray coatings-Case study for Ni-Al. *Surface and Coatings Technology*, *200*(18-19), 5395-5406.

33.   Chauhan, A. K., Goel, D. B., & Prakash, S. (2010). Desgaste erosivo de um aço de hidroturbina com revestimento de superfície. *Boletim de Ciência dos Materiais*, *33*(4), 483-489.

34.   Cinca, N., López, E., Dosta, S., & Guilemany, J. M. (2013). Estudo da deposição de stellite-6 por pulverização de gás frio. *Tecnologia de Superfícies e Revestimentos*, *232*, 891-898.

35.   Mousavi, S. E., Naghshehkesh, N., Amirnejad, M., Shammakhi, H., & Sonboli, A. (2021). Propriedades de desgaste e corrosão do revestimento de estelita-6 fabricado por HVOF em substrato de bronze de níquel-alumínio. *Metais e Materiais Internacional*, *27*(9), 3269-3281.

36.   Pawlowski, L. (2008). *A ciência e a engenharia dos revestimentos por projeção térmica*. John Wiley & Sons.

37.   Wang, M. (2010). Revestimentos compósitos para implantes e andaimes de engenharia de tecidos. Em *Biomedical Composites (Compósitos Biomédicos)* (pp. 127-177). Woodhead Publishing.

38.   Di Girolamo, G., Brentari, A., Blasi, C., & Serra, E. (2014). Microestrutura e propriedades mecânicas de revestimentos à base de alumina pulverizados por plasma. *Ceramics International, 40*(8), 12861-12867.

39.   Zavareh, M. A., Sarhan, A. A. D. M., Abd Razak, B. B., & Basirun, W. J. (2014). Pulverização térmica por plasma de revestimento de óxido cerâmico em aço carbono com maior resistência ao desgaste e à corrosão para aplicações de petróleo e gás. *Ceramics International, 40*(9), 14267-14277.

40.   Westergård, R., Erickson, L. C., Axen, N., Hawthorne, H. M., & Hogmark, S. (1998). As caraterísticas de erosão e abrasão de revestimentos de alumina pulverizados por plasma em diferentes condições de pulverização. *Tribology International, 31*(5), 271-279.

41.   Liao, H., Normand, B., & Coddet, C. (2000). Influência da microestrutura do revestimento na resistência ao desgaste abrasivo de revestimentos de cermet WC/Co. *Surface and Coatings Technology, 124*(2-3), 235-242.

42.   Praveen, A. S., Sarangan, J., Suresh, S., & Subramanian, J. S. (2015). Comportamento de desgaste por erosão do revestimento compósito NiCrSiB/Al2O3 pulverizado por plasma. *Jornal Internacional de Metais Refractários e Materiais Duros, 52*, 209-218.

43.   Swain, B., Mallick, P., Bhuyan, S. K., Mohapatra, S. S., Mishra, S. C., & Behera, A. (2020). Propriedades mecânicas do revestimento por pulverização de plasma NiTi. *Jornal de Tecnologia de Pulverização Térmica, 29*(4), 741-755.

44.   Lorenzo-Bañuelos, M., Díaz, A., Rodríguez, D., Cuesta, I. I., Fernández, A., & Alegre, J. M. (2021). Influência dos Parâmetros de Pulverização de

Plasma Atmosférico (APS) nas Propriedades Mecânicas de Revestimentos Ni-Al em Substrato de Liga de Alumínio. *Metais*, *11*(4), 612.

45.   Debasish, D., Bajpai, S., Gochhayat, S., Dash, T., Pati, A. R., Patra, P. K., ...& Rout, T. K. (2022). Processamento de plasma de pó de Fe-P/rGO para fazer resistência robusta ao desgaste e revestimento anticorrosão sobre aço macio. *Materials Research Express*, *9*(2), 026526.

46.   Funk, W., & Goebe, F. (1985). Otimização da força de ligação de camadas de Cr2O3 pulverizadas por plasma através de experiências factoriais de dois níveis. *Thin solid films*, *128*(1-2), 45-55.

47.   Wojnar, L. (2019). *Análise de imagens: aplicações em engenharia de materiais*. Crc Press.

48.   Mishra, S. C., Rout, K. C., Padmanabhan, P. V. A., & Mills, B. (2000). Plasma spray coating of fly ash pre-mixed with aluminium powder deposited on metal substrates. *Journal of Materials Processing Technology*, *102*(1-3), 9-13.

49.   Ligas Stellite-Composição química, Propriedades mecânicas Recuperado de:https://www.azom.com/article.aspx?ArticleID=9857

50.   Dinega, D. P., & Bawendi, M. G. (1999). Uma abordagem química em fase de solução para uma nova estrutura cristalina de cobalto. *Angewandte Chemie International Edition*, *38*(12), 1788-1791.

51.   Davis, J. R. (Ed.). (2000). *Nickel, cobalt, and their alloys*. ASM international.

52.   Duflos, F., & Stohr, J. F. (1982). Comparação das taxas de têmpera atingidas em pósatomizados a gás e fitas fundidas de superligas à base de Co e Ni: influência nas microestruturas resultantes. *Journal of Materials Science*, *17*(12), 3641-3652.

53.   Yang, D., Hua, C., Qu, S., Xu, J., Chen, J., Yu, C., & Lu, H. (2019). Transformação isotérmica de γ-Co para ε-Co em revestimentos Stellite 6. *Transações Metalúrgicas e de Materiais A*, *50*(3), 1153-1161.

54. Yao, M. X., Wu, J. B. C., & Xie, Y. (2005). Resistência ao desgaste, à corrosão e à fissuração de algumas ligas de revestimento duro Stellite contendo W ou Mo. *Ciência e Engenharia dos Materiais: A, 407*(1-2), 234-244.

55. D'Oliveira, A. S. C., da Silva, P. S. C., & Vilar, R. M. (2002). Caraterísticas microestruturais de camadas consecutivas de Stellite 6 depositadas por laser cladding. *Surface and Coatings Technology, 153*(2-3), 203-209.

56. Shin, J. C., Doh, J. M., Yoon, J. K., Lee, D. Y., & Kim, J. S. (2003). Effect of molybdenum on the microstructure and wear resistance of cobalt-base Stellite hardfacing alloys. *Surface and Coatings Technology, 166*(2-3), 117-126

57. Navas, C., Conde, A., Cadenas, M., & De Damborenea, J. (2006). Propriedades tribológicas de revestimentos de Stellite 6 revestidos a laser em substratos de aço. *Engenharia de Superfícies, 22*(1), 26-34.

58. Lin, W. C., & Chen, C. (2006). Caraterísticas das camadas superficiais finas de ligas à base de cobalto depositadas por laser cladding. *Surface and Coatings Technology, 200*(14-15), 4557-4563

59. Arji, R., Dwivedi, D. K., & Gupta, S. R. (2007). Sand slurry erosive wear of thermal sprayed coating of stellite. *Engenharia de superfícies, 23*(5), 391-397

60. Chang, S. S., Wu, H. C., & Chen, C. (2008). Resistência ao desgaste por impacto de assentos de válvulas revestidos com stellite 6 com revestimento a laser. *Materials and Manufacturing processes, 23*(7), 708-713.

61. Yu, H., Ahmed, R., Lovelock, H., & Davies, S. (2009). Influência do processo de fabrico e do teor de elementos de liga nas propriedades tribomecânicas de ligas à base de cobalto. *Journal of tribology, 131*(1).

62. Hattori, S., & Mikami, N. (2009). Cavitation erosion resistance of stellite alloy weld overlays. *Wear, 267*(11), 1954-1960.

63.   Liu, R., Xi, S. Q., Kapoor, S., & Wu, X. J. (2010). Efeitos da composição química na solidificação, microestrutura e dureza dos sistemas de ligas Co-Cr-W-Ni e Co-Cr-Mo-Ni. *Int J Res Rev Appl Sci*, *5*, 110-22.

64.   Luo, F., Cockburn, A., Lupoi, R., Sparkes, M., & O'Neill, W. (2012). Comparação do desempenho do Stellite 6® depositado em aço utilizando a deposição supersónica a laser e o revestimento a laser. *Tecnologia de superfícies e revestimentos*, *212*, 119-127.

65.   Liu, R., Yao, J. H., Zhang, Q. L., Yao, M. X., & Collier, R. (2015). Microestruturas e desempenho de dureza / desgaste de ligas Stellite de alto carbono contendo molibdênio. *Transacções Metalúrgicas e de Materiais A*, *46*(12), 5504-5513.

66.   Gülsoy, H. Ö., Özgün, Ö.,& Bilketay, S. (2016). Moldagem por injeção de pó de pó Stellite 6: Sinterização, propriedades microestruturais e mecânicas. *Ciência e Engenharia de Materiais: A*, *651*, 914-924.

67.   Sawant, M. S., & Jain, N. K. (2017). Investigações sobre as caraterísticas de desgaste do revestimento Stellite pelo processo de deposição de pó de arco transferido por microplasma. *Wear*, *378*, 155-164.

68.   Magarò, P., Marino, A. L., Di Schino, A., Furgiuele, F., Maletta, C., Pileggi, R., ...& Tului, M. (2019). Efeito dos parâmetros do processo nas propriedades dos revestimentos Stellite-6 depositados por Cold Gas Dynamic Spray. *Tecnologia de Superfícies e Revestimentos*, *377*, 124934.

69.   Budzyński, P., Kamiński, M., Turek, M., & Wiertel, M. (2020). Impacto da implantação de íons de nitrogênio e manganês nas propriedades tribológicas da liga Stellite 6. *Desgaste*, *456*, 203360.

70.   Mousavi, B., Shakeri, M. S., & Shamsipoor, A. (2020). Caraterísticas de Erosão de Lama de Stellite 6 em Aços Inoxidáveis AISI 316 e AISI 410. *Journal of Welding and Joining*, *38*(6), 584-592.

71.   Zhang, Q., Wu, L., Zou, H., Li, B., Zhang, G., Sun, J., ...& Yao, J. (2021). Correlação entre as caraterísticas microestruturais e a resistência à cavitação de revestimentos Stellite-6 em aço inoxidável 17-4 PH preparados com

deposição supersônica a laser e revestimento a laser. *Journal of Alloys and Compounds, 860*, 158417.

72.   Thawari, N., Gullipalli, C., Katiyar, J. K., & Gupta, T. V. K. (2021). Influência da camada tampão nas propriedades superficiais e tribomecânicas do Stellite 6 revestido a laser. *Ciência e Engenharia de Materiais: B, 263*, 114799. [paper-1-ref-16]

73.   Jeyaprakash, N., Yang, C. H., & Tseng, S. P. (2021). Desgaste Tribo-performances de camadas de Colmonoy-6 e Stellite-6 Micron de revestimento a laser em aço inoxidável 304 usando Yb: YAG a laser de disco. *Metais e Materiais Internacional, 27*(6), 1540-1553.

74.   Fan, Y., Gui, X., Liu, M., Wang, X., Bai, B., & Gao, G. (2022). Efeito da microestrutura nos comportamentos de desgaste e fadiga por contacto com o rolamento de aços ferroviários bainíticos/martensíticos. *Wear, 508*, 204474.

75.   Toma, D., Brandl, W., & Marginean, G. (2001). Comportamento de desgaste e corrosão de revestimentos de cermet pulverizados termicamente. *Surface and coatings technology, 138*(2-3), 149-158.

76.   Malayoglu, U., & Neville, A. (2005). Mo e W como elementos de liga em ligas à base de Co - os seus efeitos na resistência à erosão-corrosão. *Wear, 259*(1-6), 219-229.

77.   Sidhu, B. S., & Prakash, S. (2006). Estudos sobre o comportamento de stellite-6 como revestimentos pulverizados por plasma e refundidos por laser em ambiente de sal fundido a 900^0 C em condições cíclicas. *Journal of Materials Processing Technology, 172*(1), 52-63.

78.   Sidhu, B. S., & Prakash, S. (2006). Erosão-corrosão de revestimentos de Stellite-6 pulverizados a plasma e refundidos a laser numa caldeira a carvão. *Wear, 260*(9-10), 1035-1044 .

79.   Sidhu, H. S., Sidhu, B. S., & Prakash, S. (2007). Erosão de partículas sólidas de revestimentos de NiCr e Stellite-6 pulverizados por HVOF. *Surface and Coatings Technology, 202*(2), 232-238.

80.   Rosalbino, F., & Scavino, G. (2013). Avaliação do comportamento de corrosão da liga Stellite 6 fundida e HIPed num ambiente contendo cloreto. *Electrochimica ata, 111*, 656-662.

81.   Singh, R., Kumar, D., Mishra, S. K., & Tiwari, S. K. (2014). Revestimento a laser de Stellite 6 em aço inoxidável para melhorar a erosão de partículas sólidas e a resistência à cavitação. *Tecnologia de Superfícies e Revestimentos, 251*, 87-97.

82.   Liu, R., Yao, J. H., Zhang, Q. L., Yao, M. X., & Collier, R. (2015). Desgaste por deslizamento e resistência à erosão por partículas sólidas de uma nova liga Stellite de alto tungstênio. *Wear, 322*, 41-50.

83.   Liu, R., Yao, J., Zhang, Q., Yao, M. X., & Collier, R. (2015). Efeitos do teor de molibdénio no desempenho de desgaste/erosão e corrosão de ligas de Stellite com baixo teor de carbono. *Materials & Design, 78*, 95-106.

84.   Bartkowski, D., Młynarczak, A., Piasecki, A., Dudziak, B., Gościański, M., & Bartkowska, A. (2015). Microestrutura, microdureza e resistência à corrosão de revestimentos Stellite-6 reforçados com partículas de WC usando revestimento a laser. *Ótica e Tecnologia Laser, 68*, 191-201.

85.   Sassatelli, P., Bolelli, G., Gualtieri, M. L., Heinonen, E., Honkanen, M., Lusvarghi, L., ...& Vippola, M. (2018). Propriedades dos revestimentos Stellite-6 pulverizados por HVOF. *Tecnologia de Superfícies e Revestimentos, 338*, 45-62.

86.   Neilson, J. H., & Gilchrist, A. (1968). Erosão por um fluxo de partículas sólidas. *wear, 11*(2), 111-122.

87.   Tilly, G. P. (1979). Erosão causada pelo impacto de partículas sólidas. Em *Treatise on Materials Science & Technology* (Vol. 13, pp. 287-319). Elsevier.

88.   Hutchings, M. (1983). Introdução à microscopia da erosão. *Journal of microscopy, 130*(3), 331-338.

89. Morrison, C. T., Scattergood, R. O., & Routbort, J. L. (1986). Erosão do aço inoxidável 304. *Wear*, *111*(1), 1-13.

90. Hutchings, I. M., & Levy, A. V. (1989). Efeitos térmicos na erosão de metais dúcteis. *Wear*, *131*(1), 105-121.

91. Jeshvaghani, R. A., Shamanian, M., & Jaberzadeh, M. (2011). Melhoria da resistência ao desgaste da superfície de ferro dúctil ligado por stellite 6. *Materials & Design*, *32*(4), 2028-2033.

92. Gholipour, A., Shamanian, M., & Ashrafizadeh, F. (2011). Microestrutura e comportamento de desgaste do revestimento de stellite 6 em aço inoxidável 17-4 PH. *Journal of Alloys and Compounds*, *509*(14), 4905-4909.

93. Lolla, T., Siefert, J., Babu, S. S., & Gandy, D. (2014). Falhas de delaminação do revestimento duro Stellite em centrais eléctricas: um estudo de caraterização microestrutural. *Ciência e Tecnologia da Soldadura e União*, *19*(6), 476-486.

94. Men, X., Tao, F., Gan, L., Zhao, F., & Xu, Z. (2019). Comportamento de erosão e mecanismo de rachaduras na superfície do revestimento à base de Co depositado via PTA sob fluxo de ar propulsor de alta velocidade. *Tecnologia de Superfícies e Revestimentos*, *372*, 369-375.

95. Lima, C. R. C., Belém, M. J. X., Fals, H. D. C., & Della Rovere, C. A. (2020). Desempenho de desgaste e corrosão de revestimentos Stellite 6® aplicados por pulverização HVOF e revestimento de fio quente GTAW. *Jornal de Tecnologia de Processamento de Materiais*, *284*, 116734.

96. Wang, Y., Zhou, T., Riemer, O., Heidhoff, J., Li, M., Karpuschewski, B., ...& Schaber, C. F. (2022). Mecanismo tribológico de superfícies texturizadas micro/meso/macroscópicas sob diferentes forças normais, velocidades relativas e direcções de deslizamento. *Tribology International*, *176*, 107708.

97.   Wang, L., & Li, D. Y. (2003). Efeitos do ítrio na microestrutura, propriedades mecânicas e comportamento de desgaste a alta temperatura da liga Stellite 6 fundida. *Wear, 255*(1-6), 535-544.

98.   Wood, P. D., Evans, H. E., & Ponton, C. B. (2011). Investigação do comportamento de desgaste do Stellite 6 durante a rotação como um rolamento não lubrificado a 600^0 C. *Tribology International, 44*(12), 1589-1597.

99.   Kapoor, S., Liu, R., Wu, X. J., & Yao, M. X. (2012). Dependência da temperatura da dureza e resistência ao desgaste de ligas de estelite. *Jornal Internacional de Materiais e Engenharia Metalúrgica, 6*(7), 592-601.

100.   Liu, R., Wu, X. J., Kapoor, S., Yao, M. X., & Collier, R. (2015). Efeitos da temperatura na dureza e resistência ao desgaste de ligas de estelite de alto tungsténio. *Transacções Metalúrgicas e de Materiais A, 46*(2), 587-599.

101.   Wang, G., Zhang, J., Shu, R., & Yang, S. (2019). Resistência ao desgaste a alta temperatura e comportamento à fadiga térmica de revestimentos Stellite-6/WC produzidos por revestimento a laser com pó de WC revestido. *Jornal Internacional de Metais Refractários e Materiais Duros, 81*, 63-70

102.   Baiamonte, L., Tului, M., Bartuli, C., Marini, D., Marino, A., Menchetti, F., & Marra, F. (2019). Caracterização mecânica tribológica e de alta temperatura de revestimentos Stellite pulverizados a frio e depositados em PTA. *Tecnologia de superfícies e revestimentos, 371*, 322-332.

103.   Singh, P. K., & Mishra, S. B. (2020). Estudos sobre o comportamento de erosão de partículas sólidas de revestimentos WC-Co, Stellite 6 e Stellite 21 pulverizados com D-Gun em aço de caldeira SAE213-T12 a 400 ° C de temperatura. *Tecnologia de Superfícies e Revestimentos, 385*, 125353.

104.   Karmakar, D. P., Muvvala, G., & Nath, A. K. (2021). Caraterísticas de desgaste abrasivo a alta temperatura do aço H13 modificado por refusão a laser e revestido com Stellite 6 e Stellite 6/30% WC. *Tecnologia de Superfícies e Revestimentos, 422*, 127498.

105.   Bitter, J. G. A. (1963). A study of erosion phenomena part I. *wear*, *6*(1), 5-21.

106.   Finnie, I. (1972). Algumas observações sobre a erosão de metais dúcteis. *wear*, *19*(1), 81-90.

107.   Sheldon, G. L., & Kanhere, A. (1972). An investigation of impingement erosion using single particles. *Wear*, *21*(1), 195-209.

108.   Stephenson, D. J., & Nicholls, J. R. (1993). Modelação do desgaste erosivo. *Corrosion Science*, *35*(5-8), 1015-1026.

109.   Oka, Y. I., Okamura, K., & Yoshida, T. (2005). Estimativa prática dos danos por erosão causados pelo impacto de partículas sólidas: Parte 1: Efeitos dos parâmetros de impacto numa equação de previsão. *Wear*, *259*(1-6), 95-101.

110.   Jiang, Z., Zhang, Z., & Friedrich, K. (2007). Previsão das propriedades de desgaste de compósitos poliméricos com redes neurais artificiais. *Composites Science and Technology*, *67*(2), 168-176.

111.   Suresh, A., Harsha, A. P., & Ghosh, M. K. (2009). Estudos de erosão de partículas sólidas em compósitos de sulfureto de polifenileno e previsão de dados de erosão utilizando redes neurais artificiais. *Wear*, *266*(1-2), 184-193.

112.   Natarajan, C., Muthu, S., & Karuppuswamy, P. (2011). Prediction and analysis of surface roughness characteristics of a non-ferrous material using ANN in CNC turning. *The International Journal of Advanced Manufacturing Technology*, *57*(9), 1043-1051.

113.   Singh, G., Kumar, S., Sehgal, S. S., & Prasad, S. B. (2019). Análise de desgaste por erosão das camadas de mícron Colmonoy-88 e Stellite-6 revestidas com HVOF no aço do impulsor da bomba usando a abordagem de Taguchi. *Industrial Lubrication and Tribology*.

114.   Tran, A., Furlan, J. M., Pagalthivarthi, K. V., Visintainer, R. J., Wildey, T., & Wang, Y. (2019). WearGP: Uma estrutura de aprendizado de máquina

computacionalmente eficiente para previsões de desgaste erosivo local por meio de processos gaussianos nodais. *Wear, 422*, 9-26.

115.   Britto, A., Binoj, J. S., Manikandan, N., Surendranatha, G. M., Naidu, B., & Raveendran, P. S. (2022). Efeito da espessura interfacial na microestrutura, propriedades mecânicas e modelagem de ligas de Al dissimilares fundidas por difusão para otimização do processo usando o método ANN-GA. *Modelação Multiescala e Multidisciplinar, Experiências e Design, 5*(2), 105-117.

116.   Kumar, P., & Jain, N. K. (2022). Previsão da rugosidade da superfície no processo de fabrico aditivo de metal por arco transferido por microplasma utilizando o algoritmo K-nearest neighbors. *The International Journal of Advanced Manufacturing Technology, 119*(5), 2985-2997.

117.   Regis, A., Linares, J. M., Arroyave-Tobón, S., & Mermoz, E. (2022). Modelo numérico para prever o desgaste de mancais lisos carregados dinamicamente. *Wear, 508*, 204467.

118.   Jang, J. S., & Sun, C. T. (1995). Modelação e controlo neuro-fuzzy. *Proceedings of the IEEE, 83*(3), 378-406.

119.   Sayed, T., Tavakolie, A., & Razavi, A. (2003). Comparação de sistemas de inferência fuzzy baseados em redes adaptativas e modelos de escolha de modo neuro-fuzzy B-spline. *Journal of computing in civil engineering, 17*(2), 123-130.

120.   Nayak, P. C., Sudheer, K. P., Rangan, D. M., & Ramasastri, K. S. (2004). A neuro-fuzzy computing technique for modeling hydrological time series. *Journal of Hydrology, 291*(1-2), 52-66.

121.   Bateni, S. M., Borghei, S. M., & Jeng, D. S. (2007). Rede neural e avaliações neuro-fuzzy para a profundidade de erosão em torno de pilares de pontes. *Engineering Applications of Artificial Intelligence, 20*(3), 401-414.

122. Çaydaş, U., Hasçalık, A., & Ekici, S. (2009). Um modelo de sistema de inferência neuro-fuzzy adaptativo (ANFIS) para fio-EDM. *Sistemas Especializados com Aplicações, 36*(3), 6135-6139.

123. Babajanzade Roshan, S., Behboodi Jooibari, M., Teimouri, R., Asgharzadeh-Ahmadi, G., Falahati-Naghibi, M., & Sohrabpoor, H. (2013). Otimização do processo de soldagem por fricção da liga de alumínio AA7075 para alcançar propriedades mecânicas desejáveis usando modelos ANFIS e algoritmo de recozimento simulado. *Jornal internacional de tecnologia de fabrico avançada, 69*(5), 1803-1818.

124. Abdulshahed, A. M., Longstaff, A. P., & Fletcher, S. (2015). A aplicação de modelos de previsão ANFIS para compensação de erros térmicos em máquinas-ferramentas CNC. *Applied soft computing, 27*, 158-168.

125. Shamshirband, S., Malvandi, A., Karimipour, A., Goodarzi, M., Afrand, M., Petković, D., ...& Mahmoodian, N. (2015). Investigação do desempenho da erosão de partículas de tamanho micro e nano em um cotovelo 90 usando um modelo ANFIS. *Powder Technology, 284*, 336-343.

126. Shamsipour, M., Pahlevani, Z., Shabani, M. O., & Mazahery, A. (2016). Otimização dos parâmetros do processo EMS na compocasting de compósitos Al-nano-TiC de alta resistência ao desgaste. *Física Aplicada A, 122*(4), 1-14.

127. Chen, W., Panahi, M., Khosravi, K., Pourghasemi, H. R., Rezaie, F., & Parvinnezhad, D. (2019). Previsão espacial da potencialidade das águas subterrâneas usando ANFIS ensembled com otimização baseada em ensino-aprendizagem e biogeografia. *Journal of Hydrology, 572*, 435-448.

128. Le Chau, N., Nguyen, M. Q., Dao, T. P., Huang, S. C., Hsiao, T. C., Dinh-Cong, D., & Dang, V. A. (2019). Uma abordagem eficaz da otimização baseada em aprendizagem de ensino integrada ao sistema de inferência neuro-fuzzy adaptativo para uso na otimização de usinagem do torneamento CNC S45C. *Otimização e Engenharia, 20*(3), 811-832.

129.   Bhiradi, I., Raju, L., & Hiremath, S. S. (2020). Sistema de inferência neuro-fuzzy adaptativo (ANFIS): modelagem, análise e otimização dos parâmetros do processo no processo micro-EDM. *Avanços em materiais e tecnologias de processamento, 6*(1), 133-145.

130.   Oke, E. O., Nwosu-Obieogu, K., Okolo, B. I., Adeyi, O., Omotoso, A. O., & Ude, C. U. (2021). Epoxidação do óleo de Hevea brasiliensis: modelagem híbrida de algoritmo genético-neural fuzzy-Box-Behnken (GA-ANFIS-BB) com análises de sensibilidade e incerteza. *Modelagem Multiescala e Multidisciplinar, Experimentos e Projetos, 4*(2), 131-144.

131.   Said, Z., Sundar, L. S., Rezk, H., Nassef, A. M., Chakraborty, S., & Li, C. (2021). Propriedades termofísicas usando nanofluidos ND / água: Um estudo experimental, modelo baseado em ANFIS e otimização. *Jornal de Líquidos Moleculares, 330*, 115659.

132.   Singh, J. (2022). Otimização multiobjetivo de parâmetros EDM misturados com pó usando a técnica híbrida de inteligência artificial Grey-ANFIS. *Jornal Internacional sobre Design e Fabrico Interactivos (IJIDeM)*, 1-17.

133.   Mishra A. K., & Bandyopadhyay, P. K., (1999).Statistical Wear Debris Analysis in Lubricant and Hydraulic Fluids for Machine Condition Monitoring Proc.of 2nd International Conference on Industrial Tribology, India , 1-4, 499-504.

134.   Behera, P. K., & Sahoo, B. S. (2016). Alavancagem de múltiplas tecnologias de manutenção preditiva na análise de falha de causa raiz de máquinas críticas. *Procedia Engineering, 144*, 351-359.

135.   Bandyopadhyay, P. K., Choudhary, R. B., Mandal, C., Prasad, R. R., & Sengupta, P. P. (2017). Aplicação de técnicas de monitoramento do estado do óleo para melhorar a disponibilidade de equipamentos críticos em usinas siderúrgicas. *Tribology Online, 12*(2), 37-41.

136.   Suh, N. P. (1973). The delamination theory of wear. *Wear, 25*(1), 111-124.

137. Wang, Y. Y., Li, C. J., & Ohmori, A. (2005). Influence of substrate roughness on the bonding mechanisms of high velocity oxy-fuel sprayed coatings. *Thin Solid Films*, *485*(1-2), 141-147.

138. Toloei, A., Stoilov, V., & Northwood, D. (2013, novembro). A relação entre a rugosidade da superfície e a corrosão. No *congresso e exposição internacional de engenharia mecânica da ASME* (Vol. 56192, p. V02BT02A054). Sociedade Americana de Engenheiros Mecânicos.

139. Hadinezhad, M., Elyasi, M., Rajabi, M., & Abbasi, M. (2015). Estudo dos efeitos da distância de deslizamento e da rugosidade da superfície na taxa de desgaste.

LISTA DE PUBLICAÇÕES

- **Sarangi, S.,** Mishra, A. K. & Sahoo, S.(2023). *Uma investigação experimental sobre o comportamento metalúrgico e de corrosão do pó Stellite 6 pulverizado por plasma atmosférico no aço inoxidável AISI 304,* **Current Chemistry Letters** 12, Aceite

- **Sarangi, S.,** Mishra, A. K. Sahoo, S. & Muduli, K.(2023). *Previsão do desgaste erosivo em aço inoxidável AISI 304 revestido com pó Stellite 6 usando sistema de inferência neuro-fuzzy adaptativo,* **Int. J. Process Management and Benchmarking,** Aceite

- **Sarangi, S.,** Mishra, A. K. & Sahoo, S.(2023). *Aplicação da Análise Tri-vetorial para identificar a espessura ótima de revestimento em Ventiladores de Tiragem Induzida,* Comunicado ao **Jornal Brasileiro de Ciência e Tecnologia**

- **Sarangi, S.,** & Mishra, A. K. (2021). *Desenvolvimento de escudo térmico por revestimento de fosfato de lantânio por meio de deposição de plasma.* Em *Avanços atuais em engenharia mecânica* (pp. 747-755). Springer, Singapura.

- **Sarangi, S.,** Mohapatra, S., & Mishra, A. K. (2023). *Estudo e Análise da Aplicação de Barreira Térmica de Aço SS-304 Revestido com Óxido de Lantânio.* Em *Avanços Recentes em Engenharia Mecânica* (pp. 407-413). Springer, Singapura.

- **Sarangi, S.,** Mishra, A. K., & Sahoo, S. (2022). *Prognóstico de desgaste no atrito de rolamento do aço AISI SS304 através da análise de partículas desgastadas. Materiais Hoje: Proceedings.*

Printed by Books on Demand GmbH, Norderstedt / Germany